21세기 디지털 생태학

21세기 디지털 생태학

다찌바나 다가시 저
조규송 · 최준길 옮긴이

월드사이언스
www.worldscience.co.kr

21세기 디지털 생태학

인쇄 | 2008년 6월 15일
발행 | 2008년 6월 30일
옮긴이 | 조규송 최준길
발행인 | 박선진
발행처 | 도서출판 월드사이언스
주소 | 서울특별시 동작구 사당5동 240-15
등록일자 | 1987년 12월 14일
등록번호 | 3-136
TEL | (02)581-5811~3
FAX | (02)521-6418
E-mail | worldscience@hanmail.net
URL | http://www.worldscience.co.kr

정가 | 10,000원
ISBN | 978-89-5881-107-7

이 도서의 국립중앙도서관 출판시도서목록(CIP)은 e-CIP
홈페이지 (http:/www.nl.go.kr/cip.php)에서 이용하실 수
있습니다. (CIP 제어번호 : CIP2008001796)

저 자 소 개

다찌바나다가시(立花隆)

동대 불문과 졸업

문필 활동가

「다나카 가구에이 연구–그 금맥과 인맥」

등 저서 다수

역 자 소 개

조 규 송

전 강원대학교 교수

이학박사(생태학 전공)

최 준 길

상지대학교 생명과학과 교수

이학박사(진화유전학 전공)

차 례

Ⅰ. 인류의 위기와 생태학 13

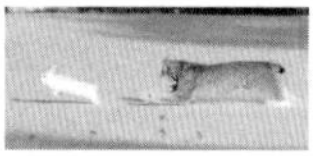

저자 서문

이 책은 테크니컬한 사고기술의 해설을 목적으로 쓴 것은 아니다. 본인은 이 책에서 현대 위기와 「사물을 보는 방법 그리고 사고의 방법」을 생각해 본 것이다.

인류는 그간 우리의 문명사회를 발전시켜왔다. 그리고 오늘날 인류는 사고력을 키우는데 힘써 왔으므로 문명은 붕괴를 면해 지속되고 있는 것이다. 그러나 동시에 거시적으로 총체적인 문명을 바라볼 때 그 누구나 만사가 잘돼가고 있다고는 하지 않을 것이다. 오히려 사려깊은 사람이라면 숨겨져 있는 위기감을 안고 있으리라고 믿고 있다.

일시적인 장밋빛 미래로는 보잘것 없이 되어 탈공업사회의 도래가 떠들썩하기만 하다. 이는 말기즘에 이르러 공산화 사회와 같이 현대의 방향 연장 상에 "가난의 땅"이 있다고 한다. 원망과 현실 인식을 바꿔치기할 의도 없이 프로퍼갠더에 불과하다.

본문의 「遷移」 항목에서 논의되는 것과 같이 공업사회의 종식과 탈 공업사회의 도래 그 자체는 필연적으로 일어날 것이다. 그러나 많은 사람들이 생각하는 것과 같은 탈공업사회는 공업사회와 땅이 이어가듯이 되지는 않는다. 그것은 또 하나의 공업사회라고 할 수 있는 사회주의와 또 하나의 탈공업사회인 공산주의 사회에 관해서도 말할 수가 있는 것이다.

양자 사이를 걸어 건널 수가 없는 거대한 균열이 있다. 우리들의 사회는 탈공업사회로 이행하게 할 수는 없다. 가능한 것은 비약뿐이라고 본다. 볼딩의 용어를 쓰면 "함정"에 떨어지지 않기 위해 우리들은 날아야만 될 것이다.

무엇이 그 비약을 가능하게 하느냐 하면 이 문명의 기조가 되는 사고방식을 바꾸는데 있다. 이질적인 사회는 이질의 사고양식을 필요로 하는 것이다.

모세는 이집트의 노예인 이스라엘인을 이끌고 약속된 풍요의 땅 가나안으로 향하던 중 40년에 걸쳐 황야荒野를 헤매지 않으면 안 되게 됐다. 왜냐하면 가나안은 여호와라고 하는 신의 땅인데 이스라엘 이들은 노예시대에 믿어온 금의 새끼 소仔牛의 신, 바울 신의 신앙을 버리지 못했기 때문이다. 여호와 신은 그들을 40년간 황야荒野로 내돌린 사이에 그들의 신앙(사고)형식을 철저하게 바로 세우기 위해 이에 따르지 못한 자는 지옥의 불로 태워 죽였다. 그렇게해서 머리가 텅빈 것을 확인한 후 가나안의 땅으로 들어가기를 허용했다고 한다.

우리가 직면하고 있는 사태도 바로 이것이다. 잘못하면 탈공업사회로 들어가기 이전에 몇 십년 간에 걸쳐 황야를 헤매던지 지옥의 불로 타 죽을 위험이 있다. 그렇다면 어떻게 하는 것이 좋을까? 공업사회工業社會의 사고 형태를 넘는 것이 될 것이다.

공업적 사고를 한마디로 정의한다면 「기술의 사고로 본다」라고 할 수 있겠다. 마르크스가 「빈곤의 철학」을 비판해 「철학의 빈곤」을 논하였듯이 우리들은 「기술의 사고」를 비판하여 「사고의 기술」을 다시 생각해야 할 것이다. 이는 일조일석에 처리할 문제는 아니라고 본다. 그러나 그 최초의 착수로 우리들이 배워야 할 것은 생태학(Ecology)의 사고기술이라고 본다. 왜 생태학의 사고기술이 필요한가. 생태학적으로 모든 사물을 보는 안목, 그리고 생각하는 방식에 따라 이 세상이 어떻게 다르게 보이며 그리고 무엇을 얻게 되는가를 알게 될 것이다.

저자 다찌바나 다가시(立花 隆)

역자 서문

이 책은 立花隆(中公文庫; 2005, 5)의 『생태학적 사고의 접근-사고의 기술』을 옮긴 것이다.

책 내용은 20년 전에 출간된 것으로 1983년에 절판된 것을 2005년 재출간한 것이다. 오늘날 정보화시대에 한낱 고전으로 전락될 것이 아직도 여전히 사회의 관심사가 되고 있다. 필자는 자연과학자도 아니며 불문학을 전공한 저술가이다. 그러면서 문화, 과학할 것 없이 폭넓은 저작 활동을 하는 탁월한 저술가이자 학자이다.

일찍이 생태학生態學을 전공하는 학생들에게는 생태학의 기초 개념을 심어주며 비자연계 학생들에게는 생태학을 통해 생활의 지표가 될 적절한 내용들이기에 이번 기회에 번역을 시도한 것이다.

필자는 서문에서 이 책은 새로운 과학 정보를 전하는 목적이 아니며 사물의 판단이나 관점을 논했으므로 데이터가 좀 오래된 것이라 해도 본질적으로는 영향이 별로 없다고 말하고 있다. 그러나 내용적으로는 지금도 정곡正鵠을 찌르고 있다는 것은 문명의 벡터 방향은 당시나 지금이나 변치 않았다는 것이 된다. 그러면서 사태는 한층 더 악화되고 위기는 심각하며 그 현실적 예가 바로 오늘날의 환경 문제로 보고 있다. 이 이외에도 우리 주변에는 해결할 심각한 문제들이 산적되어 있다. 탁상의 논의로 끝내지 말고 현실의 상황을 변화시켜 나가야만 된다. 이승식泥繩式 대책을 쌓아가는 것이 아니라 진정 문명의 방향을 바꿔나가야 한다. 그러기 위해 생태학적인 사고가 만인의 필수적인 상식이 되지 않으면 안된다고 본다. 그나마 생태학적 사상思想이 오늘의 세상에 큰 관심사로 된 것은 만인의 지식으로 손색이 없다는 것을 입증해 주고 있기 때문이다.

책 내용을 옮기며 욕심으로는 좀더 생태학의 이론 분야를 보완하고 싶은 생각이 간절했으나 여의치 않았으며 이는 ODUM 저 『생태학』 (형설 출판사)을 같이 일독하기를 권하고 싶은 마음이 든다. 번역의 미숙한 점이 있다면 추후 보완하기로 하며 이 책자의 출간동기를 함께 관심을 가져 주시기를 바라고 싶다. 한편으로 권하고 싶어지는 것은 사회의 유능한 기업가나 이를 목표로 하는 인사들에게도 일독을 권하고 싶다.

책의 원본을 입수해 준 손자 조영곤에게 고마움을 전하며 특히 책의 번역을 권유해 준 전 한국생태학회장 김준호 박사(학술원 회원)에게도 감사를 드린다. 한편 책이 나오기까지 여러모로 협조해 준 최재석 박사에게도 사의를 표하고 싶다.

제반 어려움을 무릅쓰고 책의 출간을 맡아 수고 해 주신 월드사이언스사 여러분들에게 깊은 감사를 드린다.

2007년 9월

역자 조 규 송 · 최 준 길

프롤로그

생태학적 사고방법

인류의 위기와 사고 혁명

공해公害 문제의 심각성과 때를 같이해 생태학生態學이 주목을 받게 되었다. 일찍부터 시대감각에 빠른 저널리스트들은 생태학을 현대의 구세주처럼 선전해 왔다.

그러나 생태학 그 자체는 무엇이든 구제할 수는 없다. 필요한 것은 생태학적으로 사물을 판단하는 안목이라고 하겠다. 실제로 생태학자 중에서도 제대로 생태학적으로 사물을 보는 안목이 충분하게 몸에 익히고 있지 못한 사람들이 너무도 많다고 본다.

인류는 진보와 번영을 구가하면서 멸망의 심연深淵을 향해 흘러가고 있다. 이것만은 부정할 수가 없는 현실이다. 인간의 잘못으로 인류는 이미 돌이킬 수 없는 지점까지 와 있는지도 모른다. 또한 그럼에도 불구하고 다소의 희망을 걸 수가 있을지도 모른다. 만일 희망이 있어 그 희망이 유일한 절차라면 인류가 이제까지 금과옥조로 생각되던 기존의 삶에 대한 사고방식을 개혁한다는 것이 된다. 즉 생태학적으로 생각할 수 있게 되는 것이다.

생태학 사상은 어떤 의미에서 인류의 정신적인 혁명을 요구하고 있다고 본다. 바로 가치체계의 전환을 요구하고 있다. 이들 여러 혁명적 사고의 융통성이 없이 인류의 미래는 없다. 인류라는 "類"가 문제되고 있는 것 만이 아니다. 당신 자신이 문제인 것이다. 생태학의 생生자를 모른다 해도 생태학적인 사물을 보는 방법을 몸으로 익히고 있는 사람이 있다고 본다. 생태학을 50년 이상 배워도 생태학을 모르는 사람이 허다하다.

생태학적 사고를 할 수가 있는지 여부, 이 하나에 당신이 제대로 살아갈 수가 있는지 여부가 걸려있다.

어떻게 생각하는 것이 생태학적 사고이며 어떻게 보는가 하는 것이 생태학적인 견해에 위배되는지 빠른 이해를 위해 우선 간단한 퀴즈 같은 것 부터 시작해 보자.

〔**문**〕다음 인물 중 생태학적인 사고를 몸에 지니고 있다고 생각되는 인물에 표하시오.

① 사토 에이사구佐藤 榮作 …수상

② 이도가와 요시오絲川英夫

③ 와가스기 스에유기若杉末雪…전 미쓰이물산 사장

④ 도가에시十返舍一九

⑤ 다무라田村魚栄

⑥ 모택동毛澤東

⑦ 가보네

⑧ 버그나

⑨ 레온젭

⑩ 토스트에프스키

어느 하나 생태학 자체와는 아무 관계없는 인물로 보인다. 문제는 이들의 사고방법이다. 생태학적 사고란 그 무엇인가에 대한 해답을 요구하기란 무리이며 난제라는 것을 인정한 연후에 좌우간 쥐어짜서라도 해답을 내 보는 것이 좋을 것 같다.

"인사人事의 사토佐藤" 수상은 생태학자

답을 먼저 이야기한다면 모두가 "각각의 분야에서" 독보적인 존재로 체크될 것이다.

사토수상은 별명이 "인사의 사토"로 통한다. 아마도 이 사람만큼 정계의 인맥人脈을 구석구석까지 파고들어 알고 있는 사람도 드물 것이다. 그가 근대 일본 정치사상, 최장 재상 재위 기간의 기록을 갱신할 수 있었던 것은 한마디로 능력에 의한 것이다. 그의 인사는 신상필벌信賞必罰은 아니다. 어떠한 경우는 적에게 달콤한 과자를 주기도 하고 때로는 하나의 자분子分에게까지도 매를 가한다. 그 적중성適中性이 얄미울 정도로 효과를 발휘하고 있다. 거의 대부분의 파벌과 후계자 후보를 뿌리쳐 네 번의 대선에서 압도적으로 승리를 쟁취할 수 있었던 것도 정계에 얽혀져 있는 인간관계와 실력자들의 야심과 사혹思惑을 "인사"에 의해 솜씨를 발휘한 조정술調停術인 것이라고 하겠다.

사토 수상은 "인사의 사토"라는 점에서 정치가들 중에서는 발군拔群의 생태학자라는 것이다. 단지 애석한 것은 "정치의 사토"에 있어서는 그러하지 못했다는 것이다.

또 다른 사람, 이도가와絲川씨는 시스템 엔지니어로서 생태학적 사고의 체득자라고 본다. 시스템이라는 말은 일종의 유행어로 돼 있으나 그 원조는 이도가와絲川씨라고 본다. 시스템 엔지니어링의 사고 방식을 이도가와씨는『미래를 열어 가는 착상』속에서 다음과 같이 쉽게 기술하고 있다.

「Ⓐ 생각할 수 있는 요소, 지식, 정보 등을 간추려 본다는 것.
Ⓑ 요소, 지식, 정보에 관하여 가능한 모든 연관성을 이어 본다.
Ⓒ 만들어진 작성표로 채점, 평가를 시도해 본다.
Ⓓ 이 중에서 가장 우수한 하나, 아니면 둘 만을 선택한다.

이론적으로는 Ⓐ, Ⓑ 두개의 프로세스를 시스템 합성合成이라고 하며 Ⓒ, Ⓓ 두개의 프로세스를 시스템 분석分析이라고 한다.」

이와 같은 사고는 생태학적인 사고에 있어서 하나의 전형典型에 불과하다. 다만 후에 언급하지만 이러한 생각은 칼의 양날이며 이를 적용하는 수준 여하에 따라서는 인류에게 재해를 초래하게 된다고 본다.

또 하나는 이도가와씨는 70년 이후는 시스템 산업시대로 된다는 견해를 이야기하고 있다. 이제까지 단순히 상품을 제작해 판다는 모양새가 일보 전진한 공업사회가 가장 빠른 모습으로 공업제품의 합작된 상품을 판다는 시스템산업 중심의 초 공업사회超工業社會가 나타나기 시작했다는 견해라고 본다. 이는 확실히 그렇게 되리라고 본다. 그리고 시스템공학을 배우지 않는다고 해도 생태학적으로 사고가 가능하다면 필연적으로 예상되는 것들이다.

정보를 생태학적으로 이용하는 종합상사

와가스기若杉씨는 종합상사의 사장이라는 이름으로 유명해진 사업가이다. 와가스기씨는 경영자로서의 수완에 대해서는 정확한 지식이 없으므로 이 분야에서 이 분 이외에 더 우수한 적절한 사람이 있을지는 모른다.

좌우간 종합상사, 그 중에도 미쓰이 물산이라는 회사는 세계에서도 그 유례가 없는 괴물 회사라고 본다. 속된 말로「라면에서 미사일까지」라고 할 정도로 얼추 보아도 값이 된다는 것은 무엇이던지 상품으로서 취급 해 취급 품목은 1만개를 넘는다고 한다. 옛부터 무엇이든지, 오른쪽에서 왼쪽으로 상품을 유통시키므로 구실이 되는 판매를 해 왔다. 그것이 최근에는 정보 산업적情報 産業的인 복합 기업화複合 企業化로 만들어가고 그렇게 되어가고 있다. 최근 많은 회사들이 힘들이고 있는 식품 콤비나트에서 볼 수가 있다.

미쓰이 물산三井物産은 100% 출자에 의해 만들어진 고난부두甲南 埠頭라는 자회사가 고베神戸에 있다. 이 회사의 전용 부두에는 7만 톤급의 곡물 전용선이 정박해 있다. 그렇게 되니 거대한 진공 청소기와 같은 장치로 된 시설로 미국, 캐나다에서 수입된 곡물이 싸이로에 빨아 들여진다. 싸이로로, 벨트 컨베이어로, 인접된 제분공장으로, 정유공장精油工場으로 곡물이 계속 들어간다. 그리고 여기에서 만들어진 기름이나 밀가루는 역시 벨트 컴베이어 파이프로 인접해 있는 라면 공장과 제과 공장으로 보내지게 된다. 이러한 식으로 식품 콤비나트에 들어온 원료는 그대로 제품으로 반출되고 있다.

이런 식으로 콤비나트의 유기적인 연계가 되는 것은 상사商社의 정보 능력에 의한다고 본다. 이를 정확히 말한다면 정보를 생태학적으로 응용하고 있다는 것이 된다.

한편 도가에시씨十返를 거론하는 것은 다른 것이 아니다. 도가이도주히자구리게東海道 中漆栗毛 소설에는 강풍이 불면 구멍가게가 돈벌이 된다고 생각한 남자의 이야기가 쓰여져있다. 이야기는 시스오카현靜岡縣의 한 여인숙에서 동숙한 6부(순례의 일종)의 이야기이다. 그는 젊어서 에도(江戶:지금의 도쿄)에 살면서 그 시절 여름에서 가을에 걸쳐 늘상 강풍이 휩쓸었다. 그 때 이렇게 바람이 불어서는 모래 먼지에 의해 소경이 많이 생길 것이라는 생각이 들었다. 맹인들의 어깨거리로서 적절한 것이 있다면 샤미센(三味線: 일본 전통 고유 현악기)에서 흘러나오는 소리가 필요할 것이며 그렇게 되면 맹인들이 수없이 나올 것이니 생각 끝에 샤미센 악기 판매업이 번창하게 될 것이라고 생각했다. 샤미센 악기의 동체는 고양이 가죽이고 샤미센이 자꾸 팔리면 이에 따라 고양이 가죽의 수요가 늘게 된다고 보아, 결국 고양이 사냥이 성해져 한 때 세간의 고양이 수는 줄게 될 것이다. 그렇게 되면 쥐들의 세상, 쥐들은 어떤 상자든지 닥치는 대로 나무 상자를 갉아먹게 마련이다. 그렇게 되니 어떻든 나무 상자의 값이 오르게 될 것이다. 이러한 생각을 한 주인은 별의 별 상자를 닥치는 대로 사들였다는 것이다.

결국 이 허구에 불과한 안목은 빗나가 상자는 전혀 팔리지 않고 이 남자는 이로 인해 세상의 무상함을 깨닫고 방랑자가 됐다는 이야기이다. 그러나 이 사람의 사고 절차의 구조는 옳았다고 본다. 이것이 바로 생태학적인 사고라고 하겠다. 이 남자의 실패는 생각하는 방법에 대한 적용에 있었으며 생각 그 자체에 있었던 것은 아니라고 본다.

조리사 다루기의 극의極意

다무라田村씨의 요리 명인이라는 의미로 거론해 보기로 한다. 전통 일식집에는 우육류牛肉類나 사시미 전문가는 얼마든지 찾아 볼 수가 있다.

요리라는 것을 한마디로 말한다면 음식을 보다 맛있게 만드는 기술일 것이다. 이들 기술은 세 가지 점에서 생태학적인 사고를 필요로 하고 있다. 장자莊子는 포정庖丁, 料理師이라는 요리명인의 이야기를 「양생주편養生主篇」에서 이렇게 기록하고 있다.

전국시대 위魏나라의 혜왕惠王이 포정庖丁 즉 요리사料理師에게 명해 소 한 마리를 해부시켰다. 보고 있노라니 포정의 박도薄刀 다루기란 실로 볼 만하며 그러면서 춤을 추는 것과 같이 보여 그 동작이 리듬을 타고 순식간에 소는 갈기갈기 해체돼 간다. 왕은 역시라고 감탄하며 칭찬을 하니 포정이 이렇게 대답했다고 한다.

평범한 요리인은 한 달에 한 번씩 칼을 바꾼다. 뼈를 베기 때문이다. 능숙한 요리인이라도 해마다 칼을 바꾸게 된다. 살점을 베기 때문이다. 그런데 포정은 이미 19년이나 같은 칼을 쓰면서 수천 마리의 소를 다루고 있으나 칼의 칼날은 숫돌에 간 것 같이 칼날에 이 빠진 것 하나 없었다. 그 이유는 자연의 근육은 결에 따라 큰 간격 사이를 찾아 칼을 넣고 큰 구멍에도 칼을 넣는다고 한다. 소는 그 원래대로의 조직에 따라 칼로 다루게 되므로 뼈에 칼날이 닿는 것은 물론 근육을 자르는 일도 없다고 한다.

이것이 포정의 쇠고기 다루기 특유의 극의極意라고 하겠다. 자연에 따라 자연의 조직을 재대로 이용해 요리하는 것이야말로 생태학적인 사고의 가장 소중한 면이라고 하겠다.

요리의 맛들이기에 있어서 종종 기묘한 일이 행해지고 있다. 숨은 맛이라 해서 단맛에는 소금을 좀 치거나 짠것에는 설탕을 다소 섞을 수가 있다. 확실히 그렇게 하면 단순한 설탕 맛이나 염기보다는 더욱 은근히 돋보이는 맛이 된다. 그리고 요리는 화학의 실험이 아니라고 본다. 따라서 요리책에는 재료 몇 그램에 대해 소금 얼마라든가 맛내기의 배합이 쓰여져 있으나 이는 무엇이든 그렇게 하지 않으면 먹을 수가 없다는 것이다. 제대로의 맛이라고 하는 것은 결코 균일한 것은 아니다.

요리에 관한 이러한 점들이 생태학적인 사고와 통하는 것이라고 볼 수가 있다.

모택동의 게릴라 전술

모택동毛澤東의 승리는 그의 군사적인 수완에 의한 것이 크다. 모택동의 게릴라 전술은 게바라의 전술과 같이 지금도 최고의 게릴라 지도서로 돼 있다. 게릴라 전술은 다음 사행四行과 같다.

적진 아퇴敵進我退 적이 진격 해 오면 물러나고

적주 아요敵駐我擾 적이 멈추면 교란시키며

적피 아타敵疲 我打 적이 피로하면 공격하고

적퇴 아주敵退 我追 적이 후퇴하면 추격한다

이는 바로 생태학적인 전술이라고 할 수가 있다.

카포네는 설명할 것도 없이 1920년대 미국의 밤 세계를 지배한 갱단의 제왕이었다. 카포네를 나타나게 한 것은 금주법禁酒法이다. 「술 이야말로 모든 사회악의 근원」이라고 생각한 금주 운동가들은 14년에 걸쳐 전국민에게 법적으로 알콜을 봉쇄하는데 성공했으며 동시에 갱들에게 미증유未曾有의 단맛의 즙을 먹이는데 성공한 것이다. 카포네는 그의 전성시대에 선술집 2만개, 매춘숙소 3,000여 개소, 도박장 300곳을 지배하면서 연간 1억1,000만 불의 수익을 얻어내고 있었다.

금주 운동가들의 생각은 생태학적 사고의 안티테제(대립명제)라고 하겠다. 금주법이 그 예에서 보여주는 것과 같이 생태학적 사고에 반하는 행동은 반드시 실패한다고 했다. 금주법과 같은 무모한 법을 만든다면 카포네 같은 남자가 반드시 생기게 된다. 이 또한 생태학의 가르침이라고 본다.

바그너가 쓴 오페라는 오페라라고 하지 않고 악극樂劇으로 부르고 있다. 바그너가 악극에서 표방하고 있는 것은 그 자신의 말 대로라면 "전체 예술"인 것이다. 인간의 존재 전체를 근원적으로 표현하기 위해 이제까지와 같은 예술이 카드 판독기와 같이 취급될 것이 아니라 미술이나 시詩, 음악을 융합해 일체一体가 된 새로운 예술이 필요하다는 것이 그의 주장이다.

또한 화성和聲에 있어서도 독특한 생각을 지니며 "무한 선율"이라는 새로운 양식을 만들어 낸 것이다. 이제까지의 작곡가가 거의 기승전결起承轉結의 뚜렷한 소나타 형식을 준수해 작곡한 데 비해 그는 음 흐름의 전체성, 일관성을 어디까지나 꿰뚫어 보고자 한 것이다.

바그너의 무한 선율과 같은 생각은 쎄엔베르크로 이어지며 결국은 무조음악無調音樂으로 도달하게 된다. 이 무조음악이라는 것은 바장조 이거나 도단조와 같은 조성調聲을 무시한 음악이라고 한다. 그러나 원래 음 전체의 체계로부터 생각해 본다면 유럽 음계의 조성이라고 하는 것은 하나의 픽션에 불과하므로 이는 음의 세계를 생태학적으로 바라볼 때 당연한 흐름이라고 하겠다. 이렇게 보는 것이 적절한 비유가 된 건지 모르겠다.

산업의 연관성 분석의 발상

레언체프는 계량경제학의 일인자로 알려진 근대 경제학자이다. 특히 그는 산업 연관 분석의 기법을 확립한 분으로 유명하다.

사회의 경제활동은 밀접하게 관련이 돼 있다. 자동차 한 대를 만들기 위해 얼마나 많은 산업이 관련돼 있는가를 상상해 보는 것만으로도 알 수가 있을 것이다. 산업 연관 분석이라고 하는 것은 경제사회의 한 부문에서의 변화가 다른 부문에 어떤 파급 효과를 미치는가를 생각해 보자는 것이다.

이는 생태학적인 발상이다.

종래의 경제학에서 인간은 경제적으로 합리적인 행동을 취한다는 것을 암묵적으로 전제해 버리고 있으나 계량경제학計量經濟學은 더욱 인간적으로 소극적이라는 생각이 든다.

즉 인간의 경제 행위는 다양한 원인에 의해 유지되고 있으며 더욱이 전체로서 확률적인 접근에 의해서만 파악될 수 밖에 없다고 생각하게 된다. 이는 생태학적으로도 옳다고 본다.

도스토예프스키는 이렇게 쓰고 있다.

「각자는 모든 것에 관해 만인에게 책임이 있다.」

또는 이것이 책임감 과잉 남자들에게 세상을 혼동하는 말이 될지 모른다. 그러나 이는 생태학적 사고生態學的 思考의 진수를 알려주는 말이라고 하겠다.

어떠할지. 이제까지는 생태학적인 방향이 막연한 것 같으면서도 이해가 잘 될지 모르겠다. 너무도 매듭이 지어지지 않은 이야기의 연속같이 돼 더욱 그러하다. 그러나 생태학적인 사고라는 점에서는 맥이 통하는 것이 있다.

앞에서 언급한 것과 같이 우리들도 「사토 수상은 정계의 조종술에서 생태학자라고 할 수가 있다. 이도가와씨는 시스템 엔지니어링에 있어서 생태학자라고 할 수가 있다 ……」 그러나 이들 중 그 어느 분을 택한다해도 충분한 생태학자는 아니라고 본다. 생태학적 사고법을 몸에 익혔다는 점에서 하는 말이다. 그들은 생태학적인 사고의 옳은 점을 각각 전문영역에서 때때로 경험적으로 체험한 인물이라고 본다.

이제부터 언급해 나가는 것들이 어떻게 보면 큰 보자기로 보이나 생태학적 사고의 기초로부터 응용까지의 그 전모라고 본다. 왜 생태적 사고법을 몸에 배게하는 것이 모든 인간에게 요구되고 있는지가 자연적으로 이해될 줄 안다.

I

인류의 위기와 생태학

1

생태학(에코로지)의 등장

"관계"의 과학

관찰학에 머물러 있던 생물학

"관계"의 과학으로 관찰학觀察學으로 머물게 된 생물학이 바로 생태학(Ecology)이라고 하겠다. 우선 생태학生態學이란 어떤 학문인가를 알아보기로 하자.

생태학은 생물학의 한 분과이다. 이에 대한 명명으로 19세기 중엽 생물학자인 E · Heckel은 이를 정의하기를「생태학은 생물과 환경 및 이들과 같이 살아가는 것의 관계를 논하는 과학으로 본다」라고 했다. 에코로

지의 어원은 그리스어의 oikos(집, 경제) + logos(이론)로 경제학의 이코노미와 같은 어원이라고 본다. 생태학은 어떻게 보면 생물계라는 자연의 경제학이라고 이야기해도 될 것이다.

생태학이라는 이름이 붙은 것은 E · Heckel 때부터라 해도 생태학 그 자체는 그보다 훨씬 옛날로 거슬러 올라간다고 볼 수가 있다. 생물학의 역사는 고대 그리스까지 올라갈 수가 있다.

그러면서 19세기까지는 생물학이라고 하면 생물의 분류, 분포, 생활양식 등을 관찰해 기술하는 자연지自然誌와 같은 학문에 속했다고 볼 수 있다. 이는 지금도 생태학의 한 분야에 속한다고 본다. 즉, 생물학은 생태학의 중요한 한 분야에 속한다. 심지어 일부 인사들은 생물학은 과학이 아니라고 극언까지 서슴지 않는 사람이 있다.

과학이 되기 위해서는 몇 가지 조건이 있어야 된다고 본다. 즉 논리적이어야 하며, 객관성이 있어야 하며, 실증적이어야 한다…… 등이다. 과학의 특성을 한 마디로 표현한다면 이렇게 하면 이렇게 된다는 이론을 만드는 것이라고 본다. 즉 수소와 산소를 화합시키면 물이 된다. 이는 실험으로 보인다는 실증성實證性을 지니며 그 누가 해도 그렇게 된다는 객관성을 지니는 법칙이다. 왜 그렇게 되는지에 대한 인과관계因果關係를 원리로 되돌아가 논리적으로 설명이 가능하며 또한 이들 관계를 수량화 해 보이게 된다. 화학이나 물리학은 이러한 과학으로서 구비해야 할 조건을 갖추고 있다고 본다.

그러나 생물학이 되면 전혀 사정은 다르다고 하겠다. 대상이 되는 현상이 너무도 복잡한 결과 이를 관찰하고 기술하는데 전력해 원리적인 탐구에까지 이르지 못했다고 본다. 현실의 관찰에서 가설을 만들어 보는 경우 가설에 의거해 실험 관찰에 의해 예상대로의 결과가 나온다면 가설의 정당성이 증명돼 진리로서 받아 들여진다. 이번 기회에는 그 이론에

근거해 현실과 손을 잡아 보는 것이 될 것이다. 이것이 바로 기술이며 과학에 의해 지탱해온 기술 문명이 된다고 본다.

생물학의 분극화

여기에서 약간 번거로운 듯한 이야기를 하려는 것은 과학, 기술, 문명의 세 분야의 관계를 제대로 확인시키는 것이 왜 문명의 현 단계에서 생태학적인 사고를 급히 밝혀보고자 하게 된 것이냐가 분별이 잘 안되기 때문이다.

20세기 그것도 중반에 이르러 즉, 20~30년 전부터 생물학은 돌연 생각지 못한 방향으로 급진전하기 시작했다. 바로 분자생물학分子生物學이 그것이다. 생물이라면 식물, 동물을 가리지 않고 모두가 세포로 구성되어 있다. 이제까지 생물학은 세포 이상의 수준을 이들의 대상으로 하고 있다. 인체를 예로 한다면 세포 위에 근육과 같은 조직, 심장 등의 기관이 있으며 이들이 모여 인간이라는 개체가 된다. 인간에 관해서는 여기까지가 생물학의 대상이며 인간의 집단, 또는 그것이 모인 사회들은 심리학이나 사회학 등의 연구 대상이 된다.

분자생물학은 이들 생물학의 하위 한계를 돌파해, 분자 수준에서 생명 현상을 해명하고 있다. 이제까지 신비스럽게만 생각되던 생명현상도 세포를 구성하고 있는 분자의 작용에까지 환원해 생각한다면 수소와 산소로 물이 된다는 화학 현상과 본질적으로는 아무 변화가 없는 것이라고 생각하게 됐다.

1930년대에 시작된 분자생물학은 50년대에 접어들어 놀라운 속도로 발전되기 시작했다. 유전정보의 해명, 유전자의 합성은 이미 성공하고 급기야 생명 합성이라는 단계에 이르게 됐다고 본다.

분자 수준의 연구이므로 이제까지 생물학이 과학이 아니라고 이야기된 객관성, 실증성, 수량화 등이 가능하게 되고 급기야 생물학의 주류는 분자생물학에 있다는 식으로 보이게 됐다.

분자생물학을 생물학의 한쪽 극極으로 한다면 또 다른 극은 생태학生態學이라고 본다. 즉 생태학이 연구 대상으로 하는 것은 생물과 생물 사이의 관계, 같은 종 내의 관계와 동시에 다른 종과의 관계도 포함하며, 다시 크게는 생물과 무생물, 즉 물질계와의 관계, 또는 환경 일반과의 관계, 그리고 여기에는 생물의 일원인 인간도 포함되어 있다.

생태학을 한마디로 표현한다면 관계의 학문이라고 말할 수가 있을지 모른다. 생태학적 사고라 하면 올바른 관계 매김을 하는 사고라고 할 수가 있다.

노처녀와 영국 해군

생태학이라는 이름은 Heckel로부터 시작됐으며 생태학의 원조는 진화론進化論의 찰스다윈이라 한다. 최초의 생태학적인 기술로서 그의 유명한 『종의 기원』을 들 수가 있으며 다음과 같은 이야기가 실려있어 화제 거리가 되고 있다.

영국의 목장 지대에서 주로 자라고 있는 것은 붉은토끼풀이라는 목초이다. 이 꽃은 바닥이 깊다. 따라서 붉은토끼풀에 가루받이를 할 수 있는 벌 중에서도 혀가 특별히 긴 호박벌 종류들이다. 영국에는 호박벌의 수가 많다고 한다. 붉은토끼풀이 잘 자라는 것은 그 때문인 것이다. 그런데 붉은토끼풀의 천적天敵은 들쥐이다. 들쥐는 호박벌의 집을 약탈해 유충까지 잡아먹게 된다. 그러면서 마을이나 도시의 인가가 많은 곳에는 들쥐의 수가 적다고 한다. 그 이유는 마을이나 인가 근처에는 고양이가 많이 살고 있어 들쥐를 잡아먹기 때문이다.

다윈이 쓴 것은 여기까지이나 토머스 헉슬리는 여기에 덧붙여진 것이 있다.

목장에서 붉은토끼풀을 먹는 것은 젖소이다. 풍부한 붉은토끼풀을 먹고 소들이 잘 자라게 된다. 여기에서 쇠고기 값도 싸지게 된다. 세계에 자랑하는 영국 해군 수병들은 쇠고기를 주식으로 해 활기차게 활동하는 것도 그 덕택이다. 한편 고양이를 애완 동물로 잘 키워주는 것은 마을에서나 도시에서나 노처녀인 것이다. 따라서 영국 해군이 7대양을 누빌 수 있는(당시) 것도 노처녀의 덕택이라고 하겠다.

이 이야기는 생태학적인 관계를 이야기할 때 자주 인용되고 있다. 물론 과장된 농담이라고 할 수 있으나 사실의 한 단면을 전해주는 것이 있어 부정할 수는 없다고 본다. 그리고 이 이야기는 앞에서 소개된 "바람이 불면 상자 장사가 돈벌이가 된다"와 비슷한 것으로 느끼게 될 것이다.

한편 잘 된 우스갯소리로만 받아들일 수 없는 이러한 관계의 학문이 왜 돌연 각광을 받기 시작하는지 생각해 볼 만하다.

환경 무지가 만들어내는 공해

이에 대한 직접적인 동기는 공해公害가 될 것이다. 공해라 하면 문명이 초래한 환경의 파괴라고 하겠다.

20억 년에 이르는 생명의 역사 속에서 모든 생물은 환경과의 상호관계 속에서 진화되어 왔다고 본다. 환경에 가장 잘 적응된 것만이 살아남게 된 것이다. 진화론에서 말하는 자연도태自然陶汰인 것이다.

환경이 달라지면 그곳에 살던 생물의 종이 변화된다. 역으로 어떤 생물이 살아가기 위해서는 어느 한계이상으로 환경을 변화시키지 않는 것이 조건이 된다. 물고기를 육지로 올리면 죽는 것과 같이 고양이 머리를 물 속으로 넣게 되면 죽게 된다.

환경을 입으로 이야기하는 것은 쉬운 일이나 환경이 무엇인지를 안다는 것은 그리 쉬운 것은 아니라고 본다. 그 내용은 너무도 복잡한 것이다. 속단인지 몰라도 인간이 생존하기 위해서 최소로 필요한 환경조건이 무엇인지를 모르고 있다. 환경에 관해서 사람들은 놀라울 정도로 무지하다는 것이다.

생태학은 환경의 학문이다. 그러나 지질학이 지질에 관해, 그리고 기계공학이 기계에 관해 알고 있는 반면, 생태학은 환경에 대해서는 잘 모르고 있다. 생태학의 가장 큰 가르침은 환경에 관한 인간의 무지라고 해도 과언이 아니라고 본다. 그렇다고 해도 생태학이 그 가치를 조금이라도 감소시키는 것은 아니라고 본다. 소크라테스의 말을 기다릴 필요도 없이 「學, 배움」이 인간에게 주는 최대의 것은 무지의 지知라고 본다.

무지 속에서 머물고 있는 인간은 놀랍게도 무모한 것을 쉽게 해치우는 능력이 있다. 담배를 피우고 죽은 아이가 있다면, 다리미를 손에 잡아 화상을 입은 유아도 있다. 이러한 어린이들의 무지야말로 현재 인류가 총체적으로 문명이라는 이름 하에 행하고 있는 어리석음에 비한다면 수적으로 비할 바가 아니라고 본다.

어느 날 연못의 잉어에게 지혜가 생겼다고 가정하자. 그리고 연못물에서 밀기울을 제조하는 기계를 발명했다고 치자. 잉어는 날마다 기계를 운전하며 그 좋아하는 밀기울을 먹고 기뻐했다. 그러나 큰일이 벌어졌다. 얼마 가지 않아 잉어들은 숨쉬기가 힘들었다. 얼마 안 돼서 그 많던 연못물이 줄게 됐다. 이와 동시에 기계가 만들어지기 이전에 먹고 있던 플랑크톤도 줄어들었다. 기계를 멈추게 되면 머지않아 굶어죽게 된다. 운전이 계속된다면 머지않아 연못물은 말라서 질식사를 초래한다.

인간의 문명과 자연환경의 관계는 대체로 이들 잉어와 밀기울 제조기계와의 관계와 비슷하다는 것이다. 한편 절대절명의 궁지까지는 온 것은 아니라고 해도 이렇게 되기까지는 그리 긴 시간이 걸리지는 않은 것 같다. 이는 생태학적 관점이 결여된 결과라고 본다.

문명의 소프트웨어가 가르치는 것

생태학은 기술이 아니다. 따라서 하드웨어를 부여할 수는 없다. 생태학을 배운다해도 생산력이나 사무능력을 향상시키는 것은 아니다. 생태학이 가르치는 것은 기술이 어떻게 쓰여지나 어떠한 기술을 발전시켜야 하는지 라는 소프트웨어이다. 20세기의 오늘이 지나가도록 문명은 하드웨어의 개선을 위해 전적으로 힘써 온 것이다. 그러나 아폴로 계획이 상징하는 것과 같이 지금이야말로 하드웨어보다는 소프트웨어 쪽의 개발을 진척시키는 것이 가치를 산출한다는 시대로 접어들었다고 본다.

그러나 여기에서 문제는 현대 문명에서 소프트웨어나 하드웨어 모두가 거대화된 것이 문제이다. 조리용 칼은 요리용 이외에 연필깎이나 종이나 천의 재단, 동물이나 인간 등의 상처, 살해용이라는 생각이 든다. 요리용 칼은 하드웨어나 소프트웨어 다같이 단순 자극이며 악용 소프트웨어에 의한 폐해는 작은 범위로 멈추게 된다.

그런데 컴퓨터에 이르러서는 급료계산은 물론 탈세의 계산에도 적용이 된다. 그리고 비행기의 설계에도 쓰이며 미사일의 탄도 계산에도 쓰이게 된다. 아폴로 기술 시스템을 활용한다면 지구 파괴장치를 만드는 것 또한 쉬울 것이다. 농약 제조를 위해 개발된 유기합성화학 기술은 인류를 몽땅 죽이는 데 충분한 독가스를 바로 내일이라도 만들 수가 있다.

그러나 선과 악의 구별이 확실하다면 그래도 좋다. 그러나 현실적으로 선악의 판단이 확실히 되지 않는 경우가 많다. 그 예로 사망률을 촉진시키는 경우 수송력의 증강, 교통의 편에서 본다면 선이요, 배기가스에 의한 공해나 사고의 격증이라는 면에서는 악이 된다. 농약 사용은 농작물의 증산이라는 면에서는 선, 식품의 오염이나 토양오염 면에서는 악이 된다.

이러한 시비를 가리기 힘든 문제로 옳은 해답을 제시해주는 것은 생태학적 사고思考 이외에는 없다고 본다. 왜 그러한지는 생태학의 개요를 설명해 가면서 이해가 될 것으로 생각된다.

자연계의 전체상 파악

"어떻게"를 추궁

한마디로 표현한다 해도 생태학은 여러 가지가 있다. 생태학을 글자 그대로 생물의 생활 용태容態를 연구하는 학문이라고 보면 된다. 이들 대상은 종류에 따라 우선 식물생태학과 동물생태학으로 나뉜다. 좀더 구체적으로 나누면 삼림생태학, 초지생태학, 또는 곤충생태학이니 조류생태학으로 나뉘게 된다. 한편 동식물이 합쳐진 생물군집生物群集 또는 사회를 대상으로 하는 생물생태학의 분야도 있다. 그리고 생물적인 자연의 구조단계로 나눠본다면 우선 생물 개체와 환경의 관계를 연구하는 개체생태학과, 같은 종의 집합의 상호관계를 연구하는 개체군생태학個體群生態學, 그런가 하면 하나의 지역에 공존하는 몇 가지 종의 생물 무리 속에서 종간 관계를 연구하는 군집생태학群集生態學과 다시 생물군집과 무생물적 환경이 종합된 물질계를 대상으로 하는 생태계생태학生態系生態學이 있다고 본다.

특수한 성격을 지닌 지역의 생태학을 제기해 연구하는 것으로 해양생태학, 호소생태학(육수생태학), 하천생태학, 고산생태학 등으로 나누기도 한다.

생태학이 타분야의 과학과 다른 특징은 그것이 어떻게(how)를 일관해 추구해온 것이라고 하겠다. 이에 대해 다른 과학은 '어떻게' 에서 출발해 왜(why)를 추구하므로 현상의 인과 관계를 찾아 그 근원이라고 하는 원리에 이르고자 한다.

사과가 나무에서 떨어진다. 왜 사과가 나무에서 떨어지는가? 이 왜라는 것을 추구해 뉴턴은 중력의 법칙을 발견하게 된다. 물리학이던 화학이던 또는 심리학 등 모든 과학은 현상을 관찰하는 데서 출발한다. 관찰을 심화시켜 가면 현상과 현상 사이에는 상관관계를 찾아낼 수가 있다. 이들 상관 관계를 정식화正式化 시킨 것이 법칙이라고 본다. 관찰 → 상관관계의 발견 → 정식화正式化, 이러한 절차를 귀납적이라고 한다. 정식화된 법칙이 모여, 하나의 체계가 만들어지게 된다. 이것이 바로 과학이다. 여기에서 문제는 귀납을 위해 현상의 국부가 추출돼 추상화 돼 나가는 것이다.

사과가 나무에서 떨어진다. 이 현상 전체를 설명하기 위해 중력重力의 법칙만으로 충분하지 않다고 본다. 사과열매의 세포와 가지의 세포와는 어떤 연관이 있는지? 사과의 성숙도는 서로 어떤 관계인지? 바람의 영향은 어떠한지? 일사日射는 아무 영향이 없는지? 습도와 온도는 어떤 관계인지? 뉴턴은 사과가 떨어지는 장면을 보면서 다른 면에 주의를 향하고 있다면 그는 물리학자가 아니고 생물학자가 돼 있을지 모른다. 그는 혹시나 기상학자가 돼 있을지도 모른다.

빌딩 옥상에서 투신한다. 심리학자는 자살의 원인에 눈을 돌리고 의사는 당시의 사인이 전신 타박인지, 두개골 골절인지 동맥 파열인지에 관심을 갖게 된다. 물리학자라면 낙하 속도 만 관심을 갖게 될 것이다.

생태학을 전공하지 않은 비전문가라고 해도 이러한 배려와 사고에 유의한다면 생태학적 기술의 소유자라고 하겠다. 정치가, 정책 입안자들에게 요구되는 사고형태인 것 같다.

과학의 국부주의局部主義

과학은 언제나 국부만을 챙기게 된다. 그렇다기보다 그렇게 되지 않을 수가 없다. 현실의 사상事象은 너무도 복잡하게 얽혀져 있는 관계로 이들 모두의 관계를 생각하고자 할 때 혼돈이 되어 정리가 안 된다.

이렇게 생각해 보자. 부분이 전체를 구성하고 있기에 부분 부분을 흐트러뜨려 단순한 모양으로 한 뒤 고찰해 보자. 이때 부분이라는 것은 반드시 공간적인 부분만을 의미하는 것은 아니라고 본다. 가령 자석에 끌려 움직이는 쇳조각의 운동을 생각할 때 여기에는 중력도 작용하고 있을 것으로 보나 자력의 작용만을 생각한다. 물리학은 물질의 물리적 성질만을 문제로 삼으며 화학은 화학적 성질만을 문제로 한다.

여기에서 단순한 부분으로 환원해 생각한다는 것은 순수한 상태로서 생각하고자 하는 것에 이어진다. 예를 들어 역학은 물체의 운동을 생각할 때 그것의 크기는 무시하고 질점質點이라는 점의 운동을 생각한다. 공기 저항을 생각하면 복잡하므로 진공 속의 운동을 생각한다. 학교에서 물리학을 공부한 사람이면 누구나 외우고 있을 이 문제에는 되는대로 단서가 붙는다. "마찰계수는 제로로 생각한다", "기압은 일정하게 한다", "온도는 일정하게 유지되어 있다고 생각한다."

화학에서도 항상 화학반응은 순수한 물질 사이에서 일어난다고 되어 있다. 물은 항상 H_2O로 어떠한 불순물도 함유되지 않은 것으로 생각이 된다. 물론 현실로는 완전한 진공이 존재하지 않으며 일정 온도가 되지 않으면 순수한 물질도 존재하지 않는다.

전체가 부분으로 구성돼있다는 것은 틀림이 없으나 부분에서의 진실이 반드시 전체에서도 진실이라고는 할 수 없다. 또한 부분의 모든 것을 알고있다 해도 전체를 알았다는 식이 되지 않을 경우가 많다.

야구의 팀을 생각해보면 이해가 빠르다. 멤버의 전원이 수비를 잘한다 해도 팀의 수비능력이 좋다고 할 수가 없다. 팀의 전력을 알기 위해서는 수비능력, 타격능력을 아는 이외에 전체적인 팀 플레이 능력, 감독의 장악력 등을 알 필요가 있다.

과학은 자연(인간도 포함)을 대상으로 한다. 그러나 각각에게 자연의 지극히 좁은 일부만을 대상으로 하고 있다. 그런 가운데에서도 생태학은 어디까지나 전체를 대상으로 하고자 한다. 해양생태학은 해양만을 대상으로 하며 해양 전체를 하나의 생태계로 보고 있다.

대상을 좁게 한정하면 할수록 과학은 정밀하게 된다. 이와 반대로 전체를 문제로 삼으면 너무도 복잡괴기怪奇, 망양茫洋해 파악이 힘들다고 본다. 대상을 관찰하고 기술하는 데 전력을 다한다 해도 제대로 상관관계의 발견, 그리고 법칙의 유출이 진척되기 힘들다. 여기에서 더우기 이론 체계를 만든다는 것은 지극히 힘든 일이다.

코끼리 더듬는 맹인들

분명한 것은 생태학에서는 이론 체계가 분명하지 않다. 생태학의 현 단계는 생물적 자연이라는 거대한 대상을 소경들의 코끼리 더듬기 식으로 꾸준히 관찰을 쌓는 격이다.

어떤 교수들의 해안 이탄지泥炭地 조사의 경우를 예로 들어보기로 하

자. 갈대 초원을 1m^{2}씩 구획해 이곳의 식물을 전부 베어낸다. 이것을 줄기와 잎부분으로 나눠 무게를 잰다. 그리고 건조시켜 그 무게를 재본다. 다음으로 그곳 토양을 채취해 흙 속에 들어있는 지렁이나 진드기, 벌레 등이 얼마나 있는지를 한 마리씩 헤아린다. 이어 박테리아가 얼마나 있는지를 현미경으로 들여다보며 그 수를 헤아린다. 이렇게 해 토양 속의 생물과 그 위에 자라고 있는 식물과의 상관관계를 조사해 보고자 한다. 아마도 20곳 정도 선택해 조사하는 데는 10일 간, 이를 2년간 지속한다. 생각하면 정신이 멍해지는 이야기이다.

한편 들새들의 식생활을 알아보기 위해 새집 근처에 진을 치고 어미새가 먹이를 물고와 새끼에게 먹일 때마다 새끼의 목을 가볍게 조여 그 먹이의 종류와 수를 헤아리는 생태학자를 TV에서 본 적이 있을 것이다. 어미 새는 한시간에 평균 10회 정도 먹이를 나르는데 약 6분 간격. 따라서 잽싸게 먹이조사 관찰 후 새끼를 제자리로 돌려야 한다. 어미에게 발각이 안되게 이런 일이 만 하루가 걸린다. 이 또한 매우 번거로운 일이며 남들이 보기에는 별 가치 없이 보일 것들이다.

이곳 저곳의 호수 물을 길어 이를 원심분리기에 돌린 다음, 현미경으로 들어다보면서 플랑크톤의 수를 헤아리는 작업도 수없이 해 보았다.

이렇게 생태학자들의 무수한 노력이 쌓여 점진적으로 자연의 유기적인 구조 즉, 상호관계가 떠오르게 된다.

이러한 개개의 생태학자들이 하는 일은 박물지博物誌적인 기술이라고 보나 그러하다 해도 적어도 이때 맹인盲人들은 겸허하게 정보를 교환하므로 코끼리의 윤곽을 파악해 나가고 있다.

지식보다 지혜를

생태학자들에 의해 자연의 이곳 저곳에서 발견되는 상관관계는 아직도 보편적이고 객관적인 법칙으로 하기란 쉬운 일은 아니다. "아침 노을과 노파의 싱글벙글은 방심 말라"라고 했다. 이런 고로古老의 말은 경험의 집적으로 낳은 지혜에 가까운 뜻이 있는지 모른다.

과학도 그 근원을 찾아보면 귀납歸納에서 시발된 것에서 알 수가 있듯이 경험의 집적으로 본다. 그러나 이들은 정밀화에만 공들이고 있으며 단면적이고 국부적인 경험만을 들춰 그 곳에서 지식을 추출하게 된다. 이에 비해 생태학의 지혜는 경험 전체에서 스며나오는 것과 같은 지혜라고 본다.

지식이 우위에 설 것인지, 지혜가 우위에 설 것인지는 논의를 기다릴 필요조차 없다. 부분으로는 옳다는 것이 전체 속에서 반드시 옳은 것이라고는 할 수가 없기 때문이다.

냉난방에는 에어컨이 제격이지만 그것을 목조 단독건물에 가설한다는 것은 별 의미가 없다. 몸을 튼튼하게 만들기 위해 단백질을 항상 취할 필요는 있다. 그렇지만 비대나 간이 나쁜 사람들은 이와는 반대이다. 기업의 생산 계획을 영업사이드의 매상만으로 바라본다면 회전자금 부족으로 흑자 도산이라는 경우가 있을 수가 있다.

여기에서 우리가 배우고자 하는 것은 생태학이 제공하는 지혜라고 본다. 이들은 다른 자연과학이 제공하는 지혜만큼 뚜렷하고 그럴듯한 점은 구비되어 있지 않을지 모른다.

조각에는 조상彫像과 소상塑像이 있다. 조상은 석재나 목재를 밖으로부터 조금씩 깎으며 상을 만들어가는 반면, 소상은 심芯이 되는 것 위에 점토를 조금씩 바르고 쌓아올려 상을 만드는 형식이다.

생태학이고 자연과학이나 자연의 실상에 접근하고자 하는 점은 같으나 이 자세는 바로 조상과 소상 차이에서 찾아볼 수가 있다. 어느 쪽이던 미완성이기에 자연의 실상은 이들 양자의 도달 지점의 중간에 있을지 모른다. 따라서 안쪽으로부터 밖으로 뻗어나가는 자연과학의 지식, 또는 이의 이용법은 적어도 생태학이 베푸는 지혜를 일탈逸脫하면서까지 밖으로 뻗어나가서는 안 된다고 이야기 할 수 있다.

2

폐쇄된 지구 — 생태계

생태계의 발견 — 서브시스템의 개량과 토털시스템의 파괴

생태학이 가르쳐주는 처음의 지혜는 자연 전체가 하나의 유기적인 시스템으로 되어 있다는 것을 확인하는 데 있다.

모든 과학은 인과관계를 추구하며, 그런 점에서 자연의 시스템 해명을 목표로 하고 있다고 하겠다. 그러면서 자연은 단순한 시스템이 아니고 복합시스템으로 돼 있다. 자연 전체의 복합시스템을 토털시스템이라고 한다면 이에 대해 개별 과학이 탐구하는 것은 서브시스템이라고 보면 된다. 물리학은 역학적 시스템, 전기시스템, 자력시스템 등을 해명하며 화학은 물질계시스템을 탐구하게 된다.

그리고 인간의 문명은 알려진 세부시스템을 기술에 의해 "개량"이라는 것으로 성립해 왔다. 예를 든다면 보행과 등짐으로 물건을 운반하는 원시적 수송 시스템은 차량과 동력 기관의 발명에 의해, 채집과 수렵에 의한 자연의 먹이 공급시스템의 이용으로부터 농경과 목축에 의한 인위적인 먹이공급시스템의 개발에 의해, 그리고 농경에서는 천적에 의한 해충구제 시스템이 농약에 의한 해충 박멸 시스템으로 대치되게 된다. 목축에서는 자연의 번식 성장 시스템이 육종학에 의한 인공교배로 인위적인 비만을 초래하게 된 것이다.

그러나 서브시스템 내에서는 효과적으로 작용하는 기술이 토털시스템 속에서는 때로는 피해를 초래한다. 곡물증산을 위해 쓰여진 농약이 인체에 흡수돼 건강을 해치거나 또는 해충만이 아니라 다른 소 동물을 모두 죽인 결과, 생태계의 균형은 파괴되어 이와는 반대로 해충의 대발생을 야기시키고 있는 실정이다.

여기에서 서브시스템의 "개량"은 마치 성형수술로 코를 높이는 격이다. 코를 세워 아름답게 되는 경우가 있으나 이전보다 더욱 진묘珍妙한 얼굴이 되는 경우가 많다. 풍만한 유방을 만들기 위해 실리콘 수지를 주입하기도 한다. 실리콘 수지는 노화되지 않으므로 수술받은 여성이 늙어도 주름덩어리의 피부에 싸여 언제까지나 부풀어진 가슴상태는 그대로 남게 된다.

이와 비슷한 것이 자연이 공급하는 재료속에 인공적인 플라스틱이라는 재료를 집어넣으므로 일어나게 된 것이다.

플라스틱에는 다양한 종류가 있으며 각각 강철이나 목재에 비교해 가소성可塑性, 불연성不燃性, 탄성彈性, 내산성耐酸性 등에서 뛰어나다. 따라서 재료 → 가공 → 제품 등의 공업 생산 시스템 속에서는 매우 편리한 성분이다. 그러면서 플라스틱은 한결같이 썩지않는 특성이 바로 공업 생산

시스템 속에서 높은 평가를 얻고 있는 특성이 되어 왔다. 그러나 이러한 특성이 있기에 플라스틱은 자연이라는 토털시스템 속에서는 매우 귀찮은 존재가 되고 말았다. 플라스틱을 버려도 가슴수술을 받은 노파의 부풀어진 가슴과 같이 영원히 변치 않고 남게 된다. 이는 금속과 같이 자연스럽게 분해돼 토양으로 돌아가는 일은 없다고 본다. 이를 태우면 분해될 수는 있으나 염소가스나 청산가스 등 유해가스를 방출하게 된다.

서브시스템의 서툰 개량은 토털시스템을 파괴시킬 우려가 있다. 그렇다고 서브시스템의 개량이 모두 나쁜 것은 아니다. 만일 그렇다면 우리들은 원시인과 같은 생활을 해 나가야 할지도 모른다.

폐쇄시스템과 개방시스템

인류가 문명을 탄생시킨 후 수 천년 사이에 우리들은 자연의 토털시스템을 생각할 필요를 느끼지 않으면서 오늘에 이르렀다. 그것이 지금와서 왜 돌연 문제로 된 것인지?

이를 이해하기 위해 시스템에는 폐쇄시스템과 개방시스템의 두 종류가 있다는 것을 알아야한다.

폐쇄시스템이라는 것은, 말하자면 가정의 마장 놀이와 같은 것이다. 누가 이기던 지던 가족 사이의 거래는 있어도 집밖에서 돈이 들어오는 것은 아니며 돈이 나가는 것도 아니다. 집 전체의 수지결산을 하면 반드시 플러스마이너스 제로로 된다. 그러나 인원 속에 한 사람이라도 외인이 있다면 그 사람의 승부에 따라 돈은 그 가정으로부터 나가던지 들어오던지 한다. 이렇게 되면 개방시스템이라고 한다.

폐쇄시스템과 개방시스템은 간단히 어느 쪽으로 결정하기란 결정하기 힘들 경우가 많다. 같은 시스템이라 해도 그 수준과 범위를 어디에다

초점을 맞추느냐에 따라 다르다고 본다.

예를 들어 도로를 생각해 볼 때 해당 군내의 도로로 한정한다면 개방시스템이겠지만 한국의 도로라고 하면 한반도나 휴전선이 가로막혀 섬나라와 같으니 폐쇄시스템이라고 할 수가 있다. 세계의 도로는 어떨까? 몇 개의 폐쇄시스템의 집합인 거대한 폐쇄시스템일 것이다. 시스템의 범위를 결정하는 데 따라 달라지는 예라고 본다. 운수열차는 선로 밖으로 나갈 수 없으므로 열차의 움직임으로 본다면 폐쇄시스템이다. 그러나 열차에 의해 운반되는 사람, 화물의 움직임에 착안한다면 개방시스템이라고 하겠다. 또한 철도를 에너지의 면에서 생각해 본다면 외부로부터 전기나 연료의 모양으로 에너지의 공급을 받지 않으면 안 되므로 개방시스템이라고 하겠다. 이들 시스템을 어떤 수준에서 생각하느냐에 따라 달라지게 된다. 또한 시간의 요소가 개입하게 된다면 또 달라지게 된다. 노후老朽된 열차는 폐차 처분되고 신조 차량이 들어오는 경우가 있기 때문이다.

질량 불변의 법칙質量 不變의 法則

기업은 그 흐름을 볼 때 개방시스템이라고 본다. 신입사원이 있는가하면 퇴직에 가까운 자가 있다. 돈의 유통에서 보아도 개방시스템이라고 할 수 있다. 물질의 움직임에서 개방시스템이다.

이러한 개방시스템 속으로 들어오는 것을 인풋(입력), 밖으로 나가는 것을 아웃풋(출력) 이라고 한다. 그리고 어떠한 시스템에서나 인풋보다 큰 아웃풋을 끌어 낼 수는 없다. 이것이 자연의 대원칙이다.

'그런 불합리한 것이 어디 있나' 라고 생각하는 사람들이 있다. 확성기의 시스템에서는 작은 소리가 큰 소리로 증폭하게 된다. 공장에서 값싼 원재료를 사용해 고가의 제품이 만들어진다. 은행에 예금하면 이자가 붙어 돌아온다. 그 어느 것이나 인풋보다 아웃풋이 크다고 보게 되지 않을지. 과연 그럴까? 이는 착각이다. 확성기에는 입력으로서 소리 이외의 전기에너지가 들어 있다. 이 에너지를 끊으면 확성기는 작동하지 않는다. 공장에서는 동력에너지 이외의 노동력이 들어가 있다. 은행에는 돈을 빌려 이자를 붙여 돌려주는 사람이 있다.

자연의 바탕에 있는 법칙으로 에너지 보존의 법칙, 질량 불변의 법칙들이 있다. 한마디로 말한다면 무에서 유가 만들어지지 않으며 유가 무로 되돌아가지 않는다는 것이다. 자연은 어디인가에서 스스로 장부 맞추기를 하고 있다고 본다. 인풋보다 더 큰 아웃풋을 찾는다면 반드시 인풋에 누락이 있거나 단위 선정이 잘못되어 있거나, 혹은 또 다른 이유일 것이라고 본다. 개방시스템에서 입력과 출력이 같다는 것은 무엇을 의미하는 것일까. 개방시스템이 종국적인 토털시스템으로 될 수 없다는 것이다. 아웃풋의 기원을 찾아서 그리고 출력의 행방을 추적해 가면 반드시 그 개방시스템을 포함하는 보다 큰 시스템에 도달하게 된다고 본다.

우주시스템 · 지구시스템 · 생태계

우선 생각되는 최대의 시스템은 우주시스템을 생각할 수가 있다. 이 시스템에 관해서 아직도 인간은 거의 아무 것도 모르고 있다. 우주의 구조에 관해 팽창되는 우주, 팽창과 수축을 반복하는 우주, 한편 일방적으로 팽창하면서 물질 창생이 이어져 정상상태를 유지하는 우주 등 몇 가지 모델이 제창되고 있으나 어느 것이 옳은지는 확증이 안 된다.

이러한 우주가 열려 있는지, 그렇지 않으면 닫혀 있는 경우인지 정설은 없다. 닫혀 있다는 경우에도 공간적으로 닫혀 있지만 시간적으로 무한한 경우, 역으로 시간적으로 닫혀 있어도 공간적으로 무한한 경우 어느 쪽이나 이론적으로는 가능하다고 본다. 이것 역시 사실은 어떠한지 알 수가 없다.

우주시스템의 다음으로 은하계시스템, 그 다음이 태양계시스템이 있다. 우주시스템에 비한다면 비교적 구조가 잘 알려졌다 해도 아직은 무지라고 해야 할 것이다. 이들 양자의 시스템은 물론 우주시스템에 대해서 개방 관계에 있다.

다음으로 지구시스템이라고 본다. 이에 관해서도 앞의 세 시스템에 비교한다면 각별한 지식을 갖고 있다고 해도 역시 우리들은 무지에 가깝다고 본다. 그러면서 좌우간 꽤나 잘 만들어진 시스템인지 모른다.

지구시스템은 보다 고차의 태양계시스템, 우주시스템에 대해 열려있다고 본다. 예를 들어 지구시스템을 움직이는 동력원은 이들 부분을 태양광선에 두고 있다. 지구의 열 평형이 유지되고 있는 것도 열이 우주 공간으로 방사되기 때문이다. 우주광선은 지상 생물의 생식세포에 영향을 주며 돌연변이를 일으키기도 한다.

지구시스템은 매우 복잡한 복합시스템이라고 하겠다. 따라서 이것은 각각의 방향에서 파악이 가능하다.

생태학은 그 전체상을 생태계(Ecosystem)로 파악한다. '생태계' 하면 생물군집과 비 생물적인 환경의 종합된 물질계라고 본다. 생태계라는 개념이 성립된 것은 1935년 Tansley에 의한 것이며 비교적 최근의 일이다.

생태계가 에너지에 있어서는 개방계, 물질에 있어서는 폐쇄계로서 지구를 감싸게 된다.

엄밀히 말하면 지구는 물질에서나 우주계宇宙系에 관해 열려 있다고 본다. 우주선 등의 에너지 입자를 별개로 해도 운석隕石의 모양으로 우주

공간으로부터 물질이 날아와 수소가스, 헬륨가스와 같은 가벼운 기체는 중력을 거슬러 우주공간으로 확산해 간다. 그러나 이러한 물질의 움직임은 지극히 미소하기 때문에 지구의 물질계에 관해서는 폐쇄시스템이라고 해도 될 것이다.

'자연'으로 열린 인간 사회

문명사는 인간이 자기의 활동범위로 생각하는 폐쇄시스템의 확대역사로 보면 된다. 그러나 그때그때 파악하는 폐쇄시스템은 진정한 폐쇄시스템이 아니라고 본다.

그 예를든다면 쇄국 시대의 우리 나라의 경우를 들 수가 있다. 당시 우리 나라라는 시스템 속에서 인천이라는 작은 항구에 의존하는 폐쇄시스템이라고 생각할지 모른다. 적어도 위정자는 그렇게 생각하고 있었는지도 모른다. 그러면서 쇄국국가들이 어업을 성립시키고 있던 어군魚群은 어떠했는지, 한국인들이 호흡하는 대기 속의 산소는 국내의 식물만으로 관련돼 있다고 해도 좋을지, 농업을 유지해 온 기후의 변화는 무엇에 의해 유지돼 왔을지 생각하게 된다.

인간은 이제까지 사회의 시스템 속에 자연을 그 일환으로 넣어 생각하지 않았다. 어떠한 사회시스템도 일견 폐쇄되어 있는 것 같이 보여도 자연이라는 요인에 착안한다면 반드시 지구시스템에 대해 열려있다고 본다.

중동의 사막지대에는 무수한 고대문명이 모래 속에 사장돼 있다. 울, 니네베, 마리, 바빌론 등의 고대도시들은 원래 사막속에 건설된 것은 아니라고 본다. 일찍이 그곳은 녹색의 자연으로 덮여져 있었다고 본다. 그 속에 인간들은 도시라는 인공 환경을 만들었다. 도시의 사회시스템 내부에서는 인풋과 아웃풋의 균형을 유지해왔다고 보나 대자연이라는 면에서는 인풋보다 아웃풋 쪽을 많이 빼낸 결과 녹색의 자연을 수탈, 결국 녹지는 소멸되고 사막화를 가져오게 된 것이다.

지구시스템과 인류

놀라운 인간의 번식력

지구시스템 속에서 인간이 점유하는 위치는 양적으로 매우 적은 것이다. 지구의 지름은 6,400 km. 이들 주변을 생물로 발라버린 것 같이 살아가고 있다. 생물이 생존하는 범위로서, 높이는 겨우 수백 m, 깊이는 가장 깊은 층, 심해생물이 층도 해면으로부터 10 km 정도이다. 이들 범위에 살고 있는 생물을 전부 모아 지구 주위를 균등하게 배열한다면 이들 두께는 놀랍게도 겨우 1.5 cm에 불과하다. 그러면서 이중 90%는 식물이며 동물만으로 두께는 1.5 mm 밖에 안 된다. 동물 중에서도 대부분은 바다동물이며 육상동물은 그 250분의 1 즉, 0.006 mm의 두께 밖에 안 된다고 한다.

그렇다 해도 현재 육상동물 중에서 양적으로 가장 번영되고 있는 종속은 인간이라고 본다. 200만 년 전 지구상의 사람과科의 동물은 불과 10만, 2만 5,000년 전의 크로마뇽인의 세대에서도 300만 정도라고 한다.

자연의 시스템 속에 섞여 들어간 모양의 인간의 적정 인구수는 아마도 그 정도라고 봐 왔으나 인간은 자연의 시스템 속에서 자신들에게 알맞은 적절한 개량을 가해 개체 수는 급속도로 늘어나기 시작했다고 본다. 약 3,000여 년 전에는 겨우 2억 5,000만 명이, 그런데 지금은 40억이 넘고 있다. 지금은 날마다 32만 정도가 늘어나며 10일 만에 크로마뇽인의 총 인구에 해당하는 인간이 늘어나고 있다.

물론 개체 수만으로 말한다면 지구상에는 박테리아, 미생물 등 사람보다 훨씬 개체수가 많은 종도 있으나 무게까지 합쳐 생각하면 역시 사람이 가장 높다고 하겠다. 개략적인 계산에 의하면 인류의 총 중량은 약 1억 6,000만 톤으로 추산이 된다. 이는 대략 육상동물의 4분의 1에 해당된다고 보면 된다. 따라서 두께로 환산한다면 0.0015 mm정도라고 본다.

지름 6,400 km에 대한 0.0015 mm의 이 미소한 존재로 지구시스템에 영향을 줄 정도의 존재가 된 것은 놀라운 일이기도 하다.

인간은 아직 이 일의 중대성에 비춰 충분한 생각이 없다. 그 이유는 무엇인가?

시스템은 관리되어야 한다

인간이 인공적으로 만들어낸 시스템에 관한 한 인간은 그것이 관리되지 않으면 원활히 작동되지 않는 것을 알고 있다. 법체계에는 법을 지켜주는 사법관, 변호사 등으로 구성된 사법 조직과 경찰이 필요하게 된다. 국가라는 시스템을 움직이기 위해서는(운영하기 위해서는) 행정조직이 필요하다. 기업이라는 시스템에는 경영자, 관리자가 있으며 노동조합에는 집행위원회가 필요하게 된다. 이러한 것을 알고 있기에 인간은 모든 인공시스템에 관리자를 두고 시스템의 움직임이 정지되지 않도록 관리하고 있다.

시스템의 관리에 있어서 무엇이 특히 중요한가를 말하자면 개방시스템에서는 인풋과 아웃풋을 잘 조절시켜 적자가 생기지 않도록 하는 것이다. 폐쇄시스템에서는 이들 구조상 사이클이 그려져 있으나 사이클이 잘 회전되도록 해야만 된다.

여기에서 다시 마작 이야기를 예로 한다면 아무리 가족간의 마작이라

해도 구성원 한 사람이 계속지기만 하면 수중의 돈은 떨어지고 게임의 지속이 안 된다. 그렇다고 나그네를 불러들일 경우, 나그네에게 잃게 되면 집 전체가 파산이 된다.

기업시스템이나 국가시스템이 파산되지 않으려면 모든 적자를 피해야만 된다. 인간 역시 먹고 살아가는 이상으로 일만 한다면 영양실조로 쓰러지게 된다.

폐쇄시스템의 사이클적인 것에 유의해야 할 것은 에너지만은 결국 사이클을 그려내지 않는다는 것이다. 에너지는 열역학 제1법칙에 의해 에너지를 100% 그대로 일에 전용하는 것이 불가능하다는 것이다.

만의 하나 그것이 가능하다면 댐을 이용해 발전하고 이들 전기로 용수 펌프를 움직여 물을 끌어올려 그 물로 또 한번 발전한다는 식의 연구기관이 만들어지게 된다. 열역학 제1법칙이 발견되기까지 무수한 사람들이 이런 형태의 연구기관을 만들기 위해 생애를 보냈으나 모두 실패로 돌아갔다.

인간은 인공시스템의 관리를 스스로 해왔다. 적어도 인공시스템의 인공 부분에 관해서는 그러하다. 그러나 자연시스템의 관리는 자연에 맡겨져 왔다. 자연은 자연의 법칙에 따라 자연시스템을 관리한다.

인간은 자연이 자연법칙에 의해 관리되는 시스템으로 되어있다고 알지 못하는 것은 아니라고 본다. 그러하다라는 것보다는 과학자들의 탐구동기의 바탕에는 자연이 그러한 시스템임에는 틀림이 없다는 믿음이 있다. 인공시스템을 만드는 기술자들에게도 인공시스템이 어디에서 어디까지인지, 자연을 이용하지 않으면 안 된다라는 것을 알지 못하는 것은 아니라고 본다.

그러나 알고 있다는 것이 문제이다. 단적端的인 사실로 알고는 있어도 그것이 무엇을 의미하는지를 충분히 알지 못하는 데 있다고 봐야 될 것이다. 이런 사실들이 인간과 인간이 만들어 낸 시스템에 어떻게 영향을 미치는가를 알기 위해서는 생태학적 사고生態學的 思考에 의존해야 될 것이다.

유사 이래 자연에 대한 오해

유사이래 인간은 자연에 대해 일관되게 관습적인 오해를 안고 살아왔다. 이는 자연이 무한하다는 오해라고 본다. 자연으로부터는 대가를 지불함이 없이 은혜를 받을 수가 있다는 오해라고 본다.

확실히 자연은 무료로 사물이나 작용을 제공해 준다. 자연이 관리되는 지점까지 이르면 다이아몬드이던 금이던 모두가 무료로 제공해 준다. 자연의 산물이 유료로 되는 것은 사람의 손이 가해진 다음부터라고 본다. 산 속의 맑은 물은 무료이나 수돗물은 유료이다. 인공환경인 도시의 생활자에게는 대부분의 것이 사람 손을 거쳐 들어온다. 그러므로 대부분의 것이 대가를 지불해야만 되나 공기만은 그대로 무료라고 하겠다. 혹은 기압의 항상성恒常性이나 기후의 규칙적인 반복 등을 무료로 이용할 수가 있다.

인공시스템과 자연시스템을 병치併置해 생각해 본다면 이제 언급한 것과 같이 자연시스템에서 인공시스템으로 흐름을 보면 사람들은 무엇이던 무료로 무한으로 이용한다고 생각해오고 있다. 이와 역으로 인공시스템에서 자연 시스템으로의 흐름(이는 폐기라는 개념으로 총괄 될 수 있으나)이 프로세스에 있어서도 인간은 이들의 무한한 가능성을 의심해 보지도 않았다.

실제로 이제까지의 자연에는 그 만큼의 포용력이 있었다고 본다. 지름 6,400 km의 지표, 불과 0.0015 mm의 두께에 매달려있는 인간으로 본다면 이러한 오해는 당연하다고 할 수 있을지 모른다.

인간의 자연 오해의 원인은 전적으로 자연과 인간의 스케일 차이에 있다고 본다. 그것은 지구가 구형임에도 불구하고 인간에게는 수평선이 수평으로만 보이는 것과 같은 것이다.

우주비행선으로부터 공 모양의 지구가 구체球体로 보이는 것은 현대를 상징적으로 보는 것이라고 본다. 양적으로는 미소한 존재의 인간이 문명이라는 활동으로 지구상에서는 자연의 스케일에 버금가는 스케일로 활동을 시작하고 있다. 눈썹 하나 둘 정도 뽑는 성형수술이라면 아무 영향은 없다고 본다. 그러나 100개나 200개를 뽑아내는 것이라면 이야기는 달라진다. 300만의 크로마뇽인이 날마다 나무를 불완전 연소시켜 일산화탄소를 배출한다 해도 1 ha당 2만 톤의 산소가 있으므로 문제는 없다고 본다.

그러나 미국에서는 자동차공장, 젯트기 등으로부터 1965년의 시점에서 이미 7,200만 톤의 일산화탄소를 대기 속으로 방출하고 있다. 이들 양은 미국에서는 해를 거듭함에 따라 가속적으로 증가되며 후진국으로의 문명 파급이 되어지는 것과 같이 세계적인 규모로 증가되고 있다. 만의 하나 사망율이 아시아, 아프리카 등 후진국에서 미국 못지 않게 진전된다면 인류는 확실히 질식사 되어질거라고 예측된다고 주장하는 학자들도 있다.

파괴되기 어려운 자연시스템

스케일 문제와 같이 인간의 자연에 대한 오해의 원인 중 자연시스템이 잘 파괴되지 않을 것이라고 보고 있다. 이는 파괴되기 힘들다는 시스템에 박혀있는 완충작용에 의한 것이라고 본다. 잘된 시스템은 모두가 피드백 기구, 지연회로遲延回路 등에 의해 완충력을 구비하고 있는 것이다.

여기에 관해 나중에 언급이 있을 것이나 완충력緩衝力이 없는 시스템이라 함은 예를 들어, 유압기계油壓機械와 같은 시스템을 생각하면 된다. 유압기계에서는 파스칼의 원리에 의해 유체의 일부에 가해진 압력이 그대로 파급되어 있다. 그러나 자연에 있어서 파키스탄을 습격한 사이크론이 베링해의 수위를 변동시키는 일은 없다고 본다. 혹은 인공의 경제시스템을 보아도 서울 한 가정의 가계적자가 영국 은행의 도산과 관계가 있다고 이야기 할 수는 없다. 완충작용이 있는 시스템에서는 유압기계와 같이 입력과 출력부가 직결되어 있지 않기 때문이다.

도스토예프스키의 「각자는 모든 것에 대해 만인에게 책임이 있다」라는 말은 인공시스템까지 포함한 자연의 시스템이 토털시스템을 이루고 있다는 의미에서는 전적으로 사실이나 이들 완충 작용을 생각에 반영한다면 반드시 옳은 것은 아니라고 본다. 유명 가수가 "여자의 부르스"를 부른 것이 만슨이 샤론 디트를 죽인 것에도 책임져야 하는가?

생태계 문명권

과거의 문명을 만들어 온 인간들을 보면 문명권이라는 폐쇄시스템으로서, 이것은 마치 지난날 나가사끼 개항이나 실크로드라는 작은 창문을 열어놓은 개방시스템이라고 이야기 할 수가 있다. 그러면서 이들 폐쇄성 속에서 시스템을 정교하고 효율적으로 만드는 데 노력해 온 것이다. 그러나 기실, 자연에 대해서는 이들 시스템의 밑바닥이 빠져있는데 대해서는 개의치 않았다고 본다.

현대에 이르러 이런 경향이 그대로 이어져 왔다고 보는 것이다. 서유럽문명의 확대로 세계는 문명권이라는 의미에서 대체로 균등하게 되어

가고 있다. 이들 각 지역은 국가를 형성했고, 시스템의 폐쇄성을 유지하고자 하고 있으나 이는 점점 어렵게 되어가고 있다. 오늘날 각 국가들은 모든 분야에서 서로 교섭을 안 가질 수 없는 관계로 된 것이다. 정보에 있어서나 경제에 있어서 세계는 일체화되는 쪽으로 발전해 나가고 있다. 정보는 번역에 의해 교환되며 경제는 돈, 달라, 파운드라는 국제 통화를 매체로 해 서로 엮여져 있다. 강제성은 없어도 국제법이라는 것도 일단 존재한다. 그리고 종교, 정치의 면에서 가장 뒤져 있다해도 적어도 공존하고자 하는 자세는 보인다. 그러나 다른 인공시스템 사이에서는 이러한 조정의 노력에도 불구하고 서로의 시스템은 변함없이 자연에 대해서 밑이 빠진 것을 별 관심 없이 등한시해 온 것이다.

이미 글로벌 문명의 시대로 성립되어 가는 이상 정치나 경제의 사회시스템이 글로벌적인 것으로 성립되어 있지 않는 것만으로 늦은 감은 있으나 현 단계의 문명은 이미 그 이상 발전되어가고 있다고 하겠다.

사회적인 글로벌 성향만이 아니라 자연의 글로벌성을 고려해 넣은 문명의 시스템의 성립이 요구되고 있는 시점이다. 그것은 바로 지구 생태계를 문화권으로 하는 문명이라고 보는 것이다. 이런 성립없이 고대 도시가 사막에 의해 매몰되는 식으로 지구 전체가 황폐화되어 사막으로 변할 것은 뻔한 일이라고 보는 것이다.

인간이 생존해 나갈 수가 있는 것은 여러 가지 활동의 바탕이 되는 조건이 있다고 본다. 이것은 이제까지 문제시 할 필요없이 당연한 것으로 받아들여진다. 그러나 인간의 생존은 인간을 그 일부로 포함하는 생태계가 정상으로 작동하고 있다는 것을 전제조건으로 한 것으로 본다. 생태계를 파괴한다면 인간의 존재도 당연한 결과를 초래한다고 본다. 일본의 에도시대 무인정치 사회를 한번 상상해 보자. 백성들은 가렴주구苛斂誅求로 혹독한 지배를 받아왔다. 그러면서 영주들은 백성을 다루는 데 "살리기도 하며 죽이기도 하는" 식이었다. 만일 죽인다면 뿌리도 자손도 없어지기에 한 두 사람이라면 몰라도 백성이라는 사회계급 전체를 죽여버리면 사 공 상士工商 이라는 나머지 세 계급도 생존의 기반을 잃어 망하지 않을 수가 없게 된다는 것이다.

우리들이 자연을 대할 때 "살리지도 못하고 죽이지도 못한다는" 정신이 필요할지 모른다. 물론 더욱 여유를 갖고 자연을 애호하는 것이 좋으며 이미 육상동물의 4분의 1이 인간이 이용하는 단계에까지 와 있는 이상 그렇게 여유담이나 할 때는 아니라고 본다. 지금 이 순간, 8.6초마다 한 사람씩 어느 나라에서 그 누군가가 굶어 죽어가고 있다고 봐야한다.

자연으로부터의 보복

● 생태계의 네 가지 요소

생태계를 좀 구체적으로 보고자한다. 또한 이들의 전모를 우리들은 잘 모르고 있다는 것을 염두 해 두고 생각해야 할 것이다. 생태계는 에너지의 흐름을 제거한다면 폐쇄계라고 본다. 폐쇄계는 앞에서도 언급한 것과 같은 사이클로 돼 있다. 생태계 속에서도 여러 사이클이 복합적으로 존재해 있다. 우선은 생태계를 구성하는데는 네 가지 기본적인 요소가 있다.

① 무생물적 환경
② 생산자生産者
③ 소비자消費者
④ 환원자還元者 또는 분해자分解者

무생물적 환경 요인은 물, 공기, 토양 등의 모든 물질에 태양광선을 더

한 것을 말한다. 생산자라하면 무기물질로부터 유기물질을 생산하는 것으로 식물이 이에 해당된다고 본다.

소비자라하면 생산자가 만들어낸 유기물을 먹음으로써 소비하는 것으로 즉, 초식동물이요, 다시 초식동물을 먹는 육식동물이 이에 해당된다. 환원자는 박테리아나 균류로 생산자나 소비자의 생명이 끝난 후, 이를 분해해 무기물로 되돌리는 생물을 말한다. 여기에서 무기물질 → (생산자) → 유기물질 → (소비자) → (환원자) → 무기물질 이라는 사이클이 성립하게 된다. 이 사이클이 생태계의 골격이 된다고 본다. 이들 중 어느 것이라도 빠지면 생태계는 붕괴된다.

생태계에 한정되는 것만이 아니라 물체의 생산에 관여하는 시스템이 완결하기 위해서는 이들 네 개의 요소가 절대적이다. 예를 경제시스템에서 생각해 보면 된다. 비 생물적 환경 대신 원재료가 놓여지고 생산자의 손으로 제품화되고 소비자의 손으로 옮겨지게 된다. 소비자는 소비를 다 한 제품을 어떻게 할까? 물론 버리게 된다. 버린 다음은 여러 운명으로 돌아간다. 휴지 교환과 같이 폐품 회수업자의 손으로 건너가 이것이 다시 원재료로 돌아가 생산자의 손에 넘겨지게 될 경우, 폐품 회수업자는 환원자還元者로 작용하게 된다.

시군 청소과 손에 의해 쓰레기로 회수되어 갈 경우 이들 처리법은 둘로 갈라진다. 연소되는 것은 소각장에서 무기물질로 되돌아감으로서 긴 안목으로 보면 이는 원재료로 되돌려진다고 보아 청소과는 환원자의 역할을 하게 된다. 그러나 매립으로 단순히 다른 장소로 옮기는 경우는 환원자의 역할은 자연계의 미생물과 자연이 갖고 있는 화학작용이라고 본다. 가정에서 폐품을 소각하거나 버리는 경우도 이것과 같다고 본다.

쓰레기로 덮어지는 지구

이러한 예에서 알듯이 인공시스템은 자연시스템을 이용해 성립되는 경우가 많다. 만일 자연이 인공시스템에서 버려지는 것이 자연으로 환원되는 것을 거부한다면 지구는 인공시스템의 폐기물로 묻혀버리게 된다. 그렇게되지 않기 위해서는 인간은 100% 환원자 역할을 해야 만 된다.

그런데 폐기물 처리에는 상상 이상의 돈이 들어간다. 일본 동경도 청소국이 처리하는 쓰레기만도 하루 9, 600톤, 이것을 소각, 매립해서 대체로 그 절반씩 처리하고 있다. 즉 절반 정도는 환원자還元者로 처리하는데 불과하다는 것이다. 그렇다 해도 연간 300억엔이라는 비용이 소비된다고 한다. 더욱이 이 비용은 경제성장을 훨씬 상회하는 비율로 증대되고 있다는 것이다.

현대의 경제는 대량 생산으로 지탱해 나가고 있다. 대량 생산된 제품은 대량 소비된다. 대량 소비된 제품은 어차피 대량 폐기되며 10여 년 전만 해도 자동차는 130만대, 텔레비전은 300만 대나 버려지고 있다고 한다. 이것이 5년 후에는 자동차만으로 500만대를 넘는다고 한다.

도쿄도東京都에서는 일상적으로 버려지는 쓰레기 이외에 전기제품, 대형의 폐기물이 청소의 날을 정해 수집되고 있다. 그 양이 23개 구내에서 1965년 49,000톤, 그것이 6년 후인 1971년에는 95,000톤으로 배로 증가되었다.

1972년 여름에 도쿄의 한 지역에서 8,400세대에 대해 대청소를 실시했다. 청소국은 이제까지의 쓰레기 양의 증가 추세로 보아 쓰레기 양은 200톤 전후라고 예상해 준비를 진행하였는데 이날 나온 쓰레기만도 400톤. 결국 처리가 불가능해 높이 5m, 폭 3m, 길이 15 m의 임시동산을 만들어 집으로 출입이 전혀 불가능해진 곳이 있을 정도라고 한다. 결국 청소국은 이러한 대형 쓰레기를 처리하는 것을 포기하고 월 2회 정도 대형 쓰레기 수집일을 설정하기로 했다. 이대로 폐기물의 양이 연 15%를 상회하는 비율로 증가된다면 어차피 손을 들 수밖에 없는 상태가 되지 않을까 한다.

이것은 인공시스템이 생태계가 불가결의 요소인 환원자 역할을 무시해온 결과 생긴 현상이라고 본다.

정밀한 자연의 환원시스템

자연의 환원자 역할은 놀라울 정도로 교묘하며 또한 정밀하게 만들어져 있다. 자연의 환원자는 미생물과 소동물이라고 본다. 비루스, 박테리아, 곰팡이, 아메바와 같은 원생동물, 진드기나 지렁이와 같은 것이 이에 해당된다.

인간은 이들 미생물에 대해 놀라울 정도로 알고 있는 지식이 빈약하다. 가령 우리들이 알고 있는 박테리아는 250만 종이 넘으나 이는 전 박테리아의 10%에도 미달한다고 추측되고 있다. 이들의 수가 너무 많다. 부근의 흙을 스푼 하나로 떠서 걸러보면 그 속에는 수십 억에서 수 백 억의 미생물이 살고있는 것이다.

현재 생물학의 세계에서는 IBP(국제 생물학 사업계획)라는 대규모의 연구가 진행된 적이 있다. 이는 지구상의 생물의 생산력이 어느 정도인지, 생물과 환경, 생물 상호 관계는 어떻게 되어 있는지 등을 온 세계를 통해조사 하고자 하는 생태적인 연구라고 본다. 이는 세계 65개국의 학자가 참여해 세계 각지에 설정된 연구 지역에서 일한 것이다. 이들 각 지역의 생태계를 수년에 걸쳐 철저히 조사하고자 하는 계획인 것이다. 이 일을 모범적으로 수행한 나라는 일본과 영국으로 기억이 된다.

일본은 연구지역의 하나로 시가고원志賀高原의 한 지역을 선정 해 많은 생태학자들이 모여 정력적으로 연구에 임하고 있다. 이들의 조사 결과에 따르면 $1m^2$의 지면에 살고 있는 토양 동물은 지렁이는 5마리, 지네, 공충의 유충이 3,000마리, 대형 지렁이가 5만 마리, 진드기는 7만 마리, 톡토기 10만 마리, 그리고 선충류는 180만 마리, 원생동물은 1,000 만 마리를 넘으며, 박테리아는 1조를 넘었다. 지렁이는 근처 낙엽이나 쓰레기를 흙과 같이 먹게 된다. 지렁이 먹이의 유기 성분은 갈기갈기 분해되어 흙에 섞이게 된다. 그렇게 하여 먹힌 양의 85%를 배설하게 된다. 이러한 토양은 지렁이의 소화 덕분이며 부드럽고 부풀은 진흙이라고 본다. 따라서 비옥한 토지일수록 지렁이가 많은 것이다. 최근에는 메마른 토양에 지렁이를 이식 해 토양을 풍요롭게 만든다는 생태학적인 농지 개발이 시작되고 있다. 진드기 또한 낙엽이나 썩은 나뭇가지를 즐겨먹으며 그것을 분으로 배설하여 토양을 풍요롭게 만들고 있다. 진드기라고 하면 바로 집 안의 진드기와 같은 해충을 생각해 기피하는 사람이 많다. 우리들이 알고 있는 진드기는 사람의 몸을 비롯해 여러 동물에게 기생하는 기생 진드기를 말한다. 더욱이 기생 진드기는 진드기 중 매우 특수한 종류인 것이다. 진드기의 대부분은 이제 언급한 것과 같이 토양 진드기라고 본다. 지금의 상태로는 전 세계적으로 약 1만종 정도의 진드기가 있으나 이는 진드기 전체의 5～6%에 불과하다는 추정이 있다. 숲이나 초원의 흙 속에는 아직도 사람에게 알려지지 않은 몇 10만 종의 진드기가 있다고 봐야할 것이다.

선충線虫도 이제까지는 해충으로 보아왔다. 이는 농작물의 뿌리에 기생하기 때문이다. 그러나 이들 선충류는 지렁이나 진드기에 의해 먹혀 부드럽게 된 낙엽부스러기를 또 한번 먹어 분해하게 된다.

낙엽을 진드기나 지렁이가 먹고 이들 배설물을 선충線虫이 먹어 매우 작은 분쇄물질로 분해된 유기물을 이번에는 곰팡이나 박테리아와 같은 것이 무기물로 될 때까지 분해한다. 어떤 박테리아는 단백질을 분해하는가하면 어떤 박테리아는 탄수화물을 분해하게 된다. 또한 박테리아는 단백질이 분해하여 만들어진 아미노산을 다시 분해한다. 이러한 식으로 무수한 박테리아가 각각의 수비守備 범위에서 유기물을 차례로 무기물로 분해시켜 나간다.

식물 중에는 심줄 같은 섬유질이 많이 있다. 이를 분해하는 것은 버섯 속의 균사菌絲라고 본다. 균사에서 나오는 효소酵素가 섬유질을 녹여서 탄산가스와 물로 바꾸게 된다. 느타리버섯은 참나무의 리그닌(섬유질)을 분해하는 균사를 지닌 버섯을 말한다.

미생물의 이와 같은 분해작용을 이용한 것이 굴 만들기라고 본다. 포도로 포도주를, 쌀 누룩으로 일반 술을 만들고, 보리로 맥주를 만드는 것은 그 어느 것이나 효모균酵母菌이 탄수화물을 분해해 알콜을 만들게 되기 때문이다.

자연의 이렇게 유용한 유기물 환원시스템을 잘 이용한다면 인간이 살아가는데 매우 유리할 것이 많다고 본다.

플라스틱 공포

이는 인간의 어리석음을 단적으로 보여주는 것으로 앞에서 보인 플라스틱 문제이다.

이제까지 언급된 바와 같이 사람의 손만으로 폐기물을 처리한다는 것은 효율이 나쁘며 비용 또한 크다. 따라서 폐기물 처리에서는 가급적이면 사람의 손을 빌리는 것보다 나은 것은 없다. 그런데 플라스틱은 자연이 절대로 처리해주지는 않고 있다. 미생물에 의한 분해작용을 받아들이지 않고 화학적으로도 변화하지 않는다. 버리면 그대로 남는다. 그렇다고 소각하고자 하면 고열을 내고 소각로를 녹여 연통이 3년을 견디지 못하게 된다. 그 뿐만이 아니라 청산가스, 염소가스 등 유독가스를 발생한다.

이런 생태계에 편승하지 않는 플라스틱의 양이 매년 늘어가고 있다. 현존 용적으로 말한다면 주된 산업 중 철의 3분의 2, 종이의 4분의1, 목재의 13분의 1이 플라스틱으로 대체되고 있다. 일본의 플라스틱 총 생산량은 연간 420만 톤에 달하니 우리의 실정이 상상된다. 이는 전 세계 생산량의 15%정도라고 하며 미국에 이어 두 번째의 생산이라고 한다.

플라스틱의 생산 증대에 따른 폐기물 속의 플라스틱 비율도 늘어나고 있다. 도쿄의 경우 중량으로는 쓰레기의 5%, 용적으로는 15% 정도를 점유하고 있다고 한다. 소각할 경우에는 별도로 분류가 잘 안 된다. 따라서 소각로의 수명은 매우 줄어든다고 본다.

산업 원재료의 부족에 이어 세계적으로 플라스틱의 생산은 빠른 템포로 신장되고 있다. OECD의 예측으로 1969년 세계의 전 생산량 2,700만 톤이 1980년에는 1억 톤으로 될 것이라고 한다. 이 시점에서 일본의 생산량은 2,000만톤에 달한다고 추정이 되고 있다. 이때 폐기되는 방대한 플라스틱은 도대체 어떻게 할 것인가?

가장 무서운 것은 버려진 플라스틱이 지표면이나 해저를 덮는 결과 그곳에 살고있는 미세한 생물을 질식시킨다는 것이 된다. 생태계는 이러한 미세한 생물까지 시스템 속에 포용하므로 성립이 된다.

생태계의 파괴는 그 일원인 인간에게도 생명을 빼앗아가는 것이다. 플라스틱에 의한 재료혁명이다라고 기뻐하고 있을 때 인간은 자기 손으로 자기 목을 조이는 격이 되고 있다.

화학비료의 대량 사용이 초래하는 것

이와 같은 어리석음은 화학비료의 소견 없이 대량 사용하는 데서 볼 수가 있다.

일찍이 농업에서는 시뇨屎尿를 비료로 쓰고 있었다. 밭에 뿌려진 시뇨는 토양 미생물에 의해 분해되고 이것이 영양 원소가 돼 농작물에 재 흡수된 것이다. 즉, 농촌 — (농작물) — 도시 — (시뇨) — 농촌, 이라는 식물성 사이클이 이어졌다. 현재 시뇨糞尿는 대부분 바다로 투기돼 농지로 환원되는 부분이 선진국에서는 매우적다고 본다. 이를 대신해 농작물에는 영양을 주기 위해 화학비료가 마구 뿌려지고 있다. 따라서 토양미생물은 존재 이유를 상실하게 된다. 화학비료는 이미 그대로 식물에게 흡수되는 형태로 뿌려지고 있기 때문이다. 여기에 농약이라는 이름의 독성물질이 대량 뿌려지고 있다. 농약에 의해 해충만이 아니라 토양 미생물도 따라서 같이 말살된다. 농약을 쓰지 않으면 농사가 안 된다는 오늘날의 농촌. 최근 퇴비로 이용하고자 짚을 논밭에 펴도 그것이 잘 썩지 않으며 비료가 되지 않는 현상이 일어나고 있다. 이는 토양 미생물이 죽어 없어져 그 기능을 잃은 것이다.

한편 토양 미생물이 식물에 공급되는 영양은 자연의 교묘한 시스템 설계에 의해 적절히 균형이 잡혀져 있으나 화학비료의 사용은 이들 균형이 무시돼 대량으로 쓰여지고 있다. 그 결과 수확량이 크게 늘어난 것은 사실이나 이는 자연의 입장에서 본다면 어디까지나 등펴기 정도의 수량 증대로 해석이 된다.

땅에 비가 내리면 대량으로 뿌려진 화학비료가 물에 녹아 흘러나간다. 농업용수의 말단에서 나오는 물은 대체로 영양과잉상태라고 볼 수가 있다. 이들 과잉영양으로 식물 플랑크톤이나 조류藻類의 이상 발생을 초래하게 된다. 이들의 식물군이 이번에는 수중 산소를 소비해 버린다. 여기에서 식물군이 죽게 되면 이에 따라 물고기 또한 동시에 질식사하는 현상이 일어나게 된다. 먹이연쇄관계라고 본다.

최근 연근해에서 매년 되풀이되는 적조赤潮 현상을 보게 된다. 적조라 함은 이상 발생한 플랑크톤이 무리지어 죽어 그 사체가 바다를 덮게 된다. 이들 원인은 해수의 과잉영양상태로 일어난다고 본다. 과잉영양의 원인은 공장폐수, 도시하수 등을 들 수가 있으나 그러면서 농지에서 유출된 화학비료가 상당한 비중을 점유하고 있다는 것은 틀림이 없다.

토양미생물 속에는 화학비료를 무기물로 바꾸게 하는 것이 무수히 있으나 이들 한계를 넘어서 화학비료를 뿌린 결과, 이들 귀중한 토양 미생물은 농약으로 죽게 한 것이 원인이 된 것이다. 전통적인 분뇨비료 중심으로 되돌아가자는 것은 결코 아니라고 하겠다. 단지 인간의 지혜가 자연의 생태계에 있어서 대치 할 물질순환계를 만들 수가 없는 이상, 생태계를 파괴하지 않을 정도로 인공적인 서브시스템 개량을 조정해야 한다는 것이다. 생태계의 파괴는 바로 그 일부인 인간에 있어서도 목숨과 관계가 있기 때문이다.

3

생명과 환경

생명의 기원과 물

바다에서 태어난 생물

생태계 속에서 물질은 무기물질 → 생산자 → 소비자 → 환원자 → 무기물질이라는 단순한 사이클을 지니고 있는 것만은 아니다. 만일 이를 주된 흐름이라고 한다면 지류나 방류傍流가 또 있으며 그곳에서도 무수한 사이클이 일어나고 있다.

우선 무기물질의 내부에서만의 순환을 생각해 보자. 무기물질이 생산자에 의해 유기물질로 합성될 때 방출이 되어 무기물질계로 돌아오는 것이 있다. 소비자도 생활의 과정에서 무기물질을 배출하게 된다. 이러한 복잡한 상호관계를 한마디로 설명하기란 매우 곤란하다. 따라서 생태계의 비생물적인 환경의 주역이 되는 물과 대기에 관한 이들 각각의 사이클을 설명 해 보기로 하자.

생물에 있어서 가장 중요한 환경이 무엇인가 하면 물이라고 본다. 물이 생물에 있어서 중요하다는 것은 생명의 기원이 바다에 있다는 데서 알 수가 있다. 태고의 지구에서 어떠한 절차를 거쳐 생명의 탄생에 이르렀는지 몇가지 설이 있다. 그러나 적어도 이들의 무대가 지구라는 점이라는 데 대해서는 의문의 여지가 없다.

모든 생물체 내에 가장 많이 포함되어 있는 물질은 물이라고 본다. 인간에 있어서는 체중의 그 절반은 물, 양서류의 개구리도 77%, 바다 속의 해파리도 98%가 물이라고 보면 된다.

이러한 물이 체내의 어디인가 함유되어 있다고 볼 때 그 절반은 세포 속에, 나머지는 조직 사이에 존재하는 체액, 혈액 등이다. 여러 종류의 체액을 비교해 보면 이는 놀랍게도 그대로 해수의 조성과 일치되어 있다는 것을 알 수가 있다.

생명은 바다 속에 녹아 들어간 무기물이 태양광선, 열, 번개와 같은 것의 작용으로 억 년이라는 단위 시간을 지나 화학반응을 일으킨 결과 나타난 것이라고 이야기된다. 모든 생물은 세포에 의해 구성되어 있으나 세포라 하면 태고의 바닷물이 세포막에 의해 둘러싸여 만들어졌다고 볼 것이다.

생명이라 하면 물질계의 일부가 둘러싸인 폐쇄계로 외계와의 사이에 대사代謝라고 하는 반응을 통한 교섭을 갖으면서 자기의 독립성을 유지하고 있는 물질계라고 말할 수 있다.

이들 물질계의 중심은 물론 물을 떠나서는 어떠한 생명도 존속이 불가능하다. 사막의 식물, 선인장은 이들 체내에 적절한 저수장치를 지니고 살아갈 수가 있는 것을 우리는 잘 알고 있다.

해외로 이주한 우리 나라 사람이 비록 다른 나라에서 살아간다 해도 자기 주변에 우리와 비슷한 환경을 이용하고 있듯이 바다에서 육지로 거처를 옮긴 생물들이 자신의 몸 안에 바다와 닮은 환경을 지니고 있다. 그것이 바로 체액体液이며 세포액이라고 본다.

이러한 수분을 유지하기 위해서 인간은 매일 2~3*l*의 물을 필요로 하며 높이 2m나 되는 해바라기 식물은 하루 1*l*의 물을 필요로 하게된다.

물의 자연 순환

생명의 모체라고 하는 물의 자연시스템 속 순환을 생각해 보자. 태양열에 의해 바다로부터 물이 증발돼 그것이 비로 변하여 지상으로 내린다. 지상으로 내린 비는 토양으로 흡수된 후 강물이나 지하수를 통해 바다로 흐른다. 빗물이 바다로 긴 여정을 거치는 과정에서 식물에 흡수되며 동물에게 공급, 또는 공업용수가 되어 이용된다는 식으로 바다 → 비 → 하천 → 바다라는 식의 이 리사이클은 가지가지의 지연 회로가 같이하고 있다. 바다의 물 전체가 이 사이클을 한번 도는데 약 4만 3,000년이 걸린다고 한다.

우리보다 약간 강우량이 많은 일본열도를 예로 들어 이들 강우량을 수량적으로 언급해 본 자료가 있다. 비와 눈에 의해 일본 열도에는 연간 약 6,000억 톤의 비가 내린다. 이들 6,000억 톤은 셋으로 나눠진다. 우선 2,000억 톤은 강수 후 바로 바다로 그대로 유출되고 만다. 그리고 2,000억 톤이 증발로 공중으로 되돌아간다. 물은 도처에서 증발되고 있으며 강에서나 호수의 수면으로부터 식물의 잎, 동물의 몸 표면, 지표면으로부터라고 본다. 나머지 2,000억 톤이 바다로 들어가는 가장 긴 여정을 따른다고 본다. 이들이 토양의 수분으로 되면 조금씩 이동하면서 모든 생물의 물 순환을 만들고 있다. 이들 2,000억 톤 중 사람이 이용하고 있는 것은 이의 약 3분의 1인 700억 톤(1965년)이라고 한다. 이들 700억 톤의 내역을 본다면 농업용수는 5,000억 톤, 공업용수는 130억 톤, 도시용수는 70억 톤으로 되고 있다.

생물들에게 물은 얼마나 소중한지는 이들 토양에 물이 얼마나 공급되느냐에 따라 어떠한 생물이 그 곳에서 삶을 결정하는 것으로 되어있다. 생물의 지리적 분포의 범위를 보여주는 개념으로서 바이옴(Biome)이라는 말이 있다. 툰드라, 사막, 초원, 낙엽수림, 침엽수림 등이 그것이라고 본다.

바이옴은 물의 공급만으로 결정되는 것은 아니며 최고, 최저 온도, 계절 변화, 태양광선의 량, 토양 성질 등 바이옴을 결정짓는 또 다른 요소들이 많이있다. 가령 다른 조건이 일치되어 있다해도 이들 요소 중 물이 결정적인 역할을 하고 있다고 본다. 그 예로 다른 조건이 일치되어 있다해도 그 토지의 연간 강수량이 500～600 mm이상이 된다면 숲이 되고 200～300 mm정도라면 초원이 된다고 본다.

바이옴 개념은 인간의 사회시스템에서도 받아들일 수가 있다. 토지는 인간의 이용 방식에 따라 도시, 농촌, 공업지대 등으로 나눠진다. 이들에게는 몇 가지 입지조건이 있다. 공업지대라면 에너지 공급, 노동력 공급, 교통 통신 등이나 공업용수의 확보는 결정적인 조건이라고 하겠다. 도시나 농촌 할 것 없이 물은 불가결의 조건이다. 인류와 문명의 발상지가 대부분 큰 강변에 자리하고 있으며, 현대의 대도시가 모두 강을 중심으로 해 만들어진 것으로도 알 수가 있다. 중국 장강長江 하류의 오염이 심한 것은 이들 유역이나 상류의 공장에서 나오는 폐수에 의한 것이며 비극일 수 밖에 없다.

생명 원료를 운반하는 물

물의 주된 기능 중 하나로 운반작용이 있다. 생태계의 사이클은 물에 의한 이동 없이는 성립이 될 수 없다. 생물의 몸은 여러 원소에 의해 구성되어 있다. 이들의 대부분이 탄소, 수소, 산소인 것이다. 그리고 이 뿐만이 아니라 많은 종류의 무기물질이 필요하게 된다.

사람의 몸을 예로 하면 칼슘은 뼈를 만드는 데 쓰이며 인이 없으면 근육을 움직일 수가 없다. 마그네슘이나 나트륨이 부족하면 성장이 멈추게 된다. 혈청 속의 칼륨이 부족하면 수의근隨意筋이 마비되며, 철분이나 구리가 부족하면 혈액 속의 산소를 운반하는 헤모글로빈은 만들어지지 않는다. 코발트가 부족하면 비타민 부족 현상이 일어나며 망간이 부족하면 생식샘生殖腺의 이상이 생기게된다. 염소가 부족하면 위액이 만들어지지 않으며 요도가 부족하면 갑상선, 점액 수중粘液水腫과 같은 병에 걸리게 된다.

이들의 무기물질들은 스스로 작용할 수는 없다고 본다. 바람에 운반되거나 동물에 의해 운반될 수도 있지만 물에 녹아 운반되는 경우가 가장 크다고 본다. 무기물질이 생산자인 식물에 흡수되는 때에도 물에 녹은 상태로 되지 않으면 흡수가 안 된다. 동식물의 체내에서도 물질의 이동은 물 없이는 불가능하다.

물의 운반작용이라 하면 배나 뗏목 또는 강물에 토사유출을 상상하게 되나 이러한 미세한 운반작용 없이는 어떠한 생물도 살아갈 수가 없다고 본다.

억 년 단위의 지질학적인 사이클

앞에서 언급한 바와 같이 생명을 만들어내는 무기물질이 어디에서 나오는지 그 근원은 암석과 화산가스라고 본다. 이들 암석쪽도 그 근원은 지구 내부에 있는 마그마岩漿가 화산으로부터 유출돼 굳어진 것이다.

지구의 근원을 추적하면 원래는 태양가스와 같은 고온 가스의 덩어리가 냉각되어 지구가 됐다고 한다. "불덩어리 기원설"이 유력했다고 보나 지금은 오히려 저온의 입자가 모여 인력에 의해 무거운 것이 내부로 굳어져 우라늄과 같은 방사성 원소가 붕괴될 때 방출되는 에너지에 의해 내부가 고온의 용융熔融상태로 된 것이라는 "저온 기원설"이 주류가 되고 있다. 그리하여 대기나 바다는 지구의 내부로부터 분출해온 화산가스에 의해 공급하여 온 것이라는 추측이 나오고 있다. 이러한 의미에서 역시 지름 6,400 km의 지구가 표층 1.5 cm를 점유하는 생물의 존재 기반이 돼있는 것이다.

M · K 본의 연구에 의하면 화성암 1.2 kg와 화산가스 1 kg으로부터 바닷물 1*l*, 대기 3*l*, 수성암 1～2 kg로 만들어져 있다. 그리고 해저에 침전된 물질은 암석으로 되어 있어 지질학적인 운동에 말려들어 맨틀대류에 편승해 지구의 내부로 되돌아가고 있다. 이는 기나긴 세월이 경과된 후 이번에는 화산으로부터 마그마나 화산가스에 의해 지상으로 분출하게 된다. 여기에 생태계의 백그라운드를 만든 가장 거대한 사이클이 있으며 이를 지구화학적 사이클이라고 한다(그림 1.2 참조).

마그마라는 것은 녹아 있는 암석을 말하며 이는 지각의 하부에 있는 맨틀층으로부터 화산이라는 구멍을 통해 지표로 나온 것이다. 맨틀층은 마그네슘, 철, 규소의 산화물이 녹은 상태이며 다시 그 하부에 있는 코어라는 부분에서는 철과 규소가 용융溶融 상태로 되어있다는 이야기이다.

지구 화학사이클 중 물 순환과 대기 순환에 의해 이루어지는 사이클을 외부 사이클이라고 부르며 맨틀(지각) — 마그마 — 육지 — 해양 — 맨틀이라는 지질학적 사이클을 내부 사이클이라고 한다. 외부 사이클은

그림 1 지구 내부의 조성

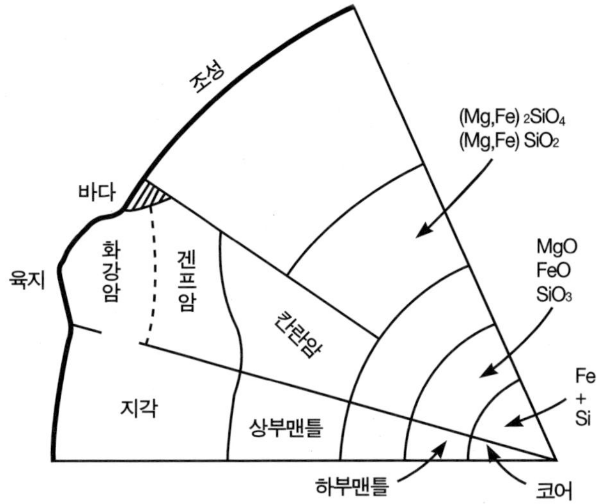

그림 2 지구화학 사이클

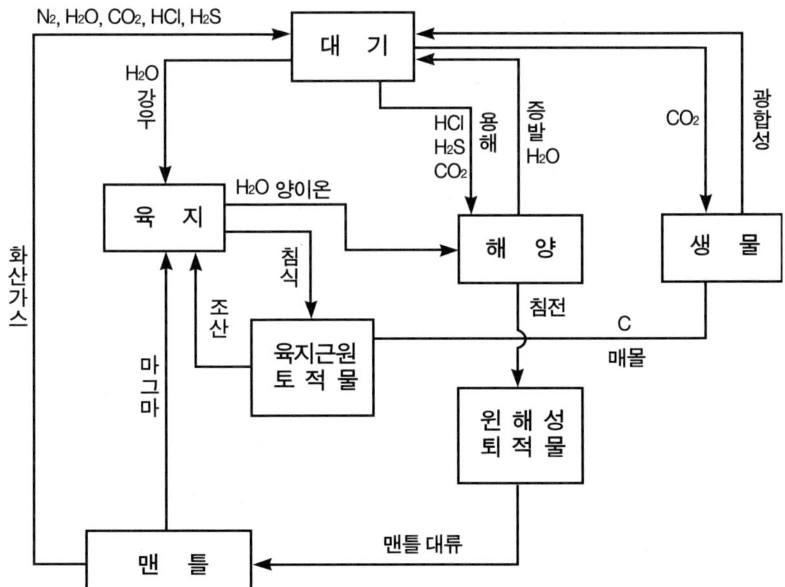

(자료) 『현대지구과학』 (다게우리 · 시마스요시오 공저)

앞에서 언급한 것과 같이 해수 전부가 한 바퀴 도는데 4만3,000년 밖에 안 걸리는데 내부 사이클 쪽은 몇 10억 년이라는 단위로 움직이고 있다.

이러한 지질학적인 사이클에 비해 생태계의 사이클은 너무도 작은 규모로 느껴진다. 그러면서 이 작은 생태계의 사이클마저 생각해보지 못한 인간에게는 지구의 주인공이 되는 자격이 없지 않을까 하는 느낌이 든다.

물 순환으로 다시 화제를 돌리면 지상으로 내린 비는 암석을 침식하며 암석에 함유돼있는 마그네슘, 칼슘 등의 염분을 바다에까지 운반하게 된다. 운반 도중 생물들은 이를 흡수해 생체를 만들게 되는 것이다. 현재 세계의 하천이 운반하고 있는 염분의 양은 매년 27억 톤에 달한다는 추산이다.

자정기능을 잃어가는 하천

강물의 흐름이 하는 일은 운반작용만은 아니다. 물은 많은 식물과 수서동물, 양서류 등의 삶의 터전을 마련해준다. 이들의 생물 군은 생태계의 가장 중요한 일환으로 차지하고 있다.

생물계로서 하천의 중요한 역할의 하나는 자정작용自淨作用이다. 자고로 「흐르는 물은 썩지 않는다」라는 말이 있다. 강 상류에서 약간의 시뇨屎尿 정도를 내려보내도 강 하류 사람들은 이러한 물을 생활용수로 쓴다해도 오염과 같은 일은 별로 일어나지 않았던 시대가 있었다. 아마도 5~60년대 만해도 낙동강 평야를 흐르는 김해 등지에서는 강물을 그대로 식수로 이용한 때가 있었다. 강물에는 유기물을 먹고 살아가는 박테리아가 있으며 이들 덕택으로 썩은 나뭇잎이나 동물의 배설물이 흘러 내려와도 박테리아가 이를 먹으므로 자연스럽게 맑은 물로 되돌아간다. 그러나 이 또한 한계가 있다. 박테리아의 능력이상으로 유기물이 흘러 들어갈 경우, 어떤 때에는 자연에는 없던 인공유기물, 즉 플라스틱이나 합성세제가 들어 올 경우 정화는 힘들어진다고 본다.

펄프 폐수같은 경우, 이들이 양적으로 하천의 자정능력을 초과하지 않으면 반드시 정화가 된다. 그러면서 대부분의 선진공업국에서는 이러한 한계를 초과하고 있다. 일본 도쿄의 수도국은 다마가와玉川강의 오염이 극심해 취수장의 취수를 중지한 예도 있다. 대부분의 나라에서는 하천의 오염으로 수도용수의 수질오염이 문제로 된 곳이 많은 형편이다. 도쿄만 아니라 하천의 오염에 의한 수도용수의 수질오염은 전국적으로 문제가 되고 있다. 1963년에 수질오염으로 취수나 배수가 중지된 곳이 191건이나 일어나고 피해 인구는 무려 2,094만 명, 국민의 약 5분의 1에 달했다.

물은 도대체 어디서 오는가? 물은 오지 산간의 샘물이나 화산가스에서 조금씩 공급되고 있으나 그렇게 많지 않다고 본다. 그리고 이들 물은 지구 창세기 화산가스와 달리 지금의 화산 가스의 수분은 이들 상당량이 해저에서 지구 내부로 흡수된 물이 순환되어 나온 것으로 추정이 되고 있다. 즉, 현재의 지구시스템으로 순환하고 있는 수계는 대체로 완전한 폐쇄계로 생각해도 좋을 것이다. 폐쇄계인 이상 이러한 물은 소중히 쓰여져야 할 것이다.

질소와 탄소순환

단백질 합성을 담당하는 질소순환

수증기를 제외한 대기의 구성은 78%가 질소, 21%가 산소, 탄산가스

0.03%라는 것이 표준이라고 본다. 이 이외에도 대기에 있는 아르곤, 네온 등의 희소가스가 함유돼있으나 별로 중요한 것은 아니라고 본다. 앞의 세 물질들이 중요한 것은, 질소는 단백질 합성, 산소는 생물의 호흡에 불가결이며 탄산가스는 녹색식물이 이를 원료로 해 광합성光合成에 의해 유기물질을 생산하기 때문이다.

그런데 이들 세 물질들이 각각 자연계에서 어떻게 순환하고 있는지를 생각해 보자. 질소순환窒素循環은 대략 그림과 같다(그림 3).

질소를 탄수화물과 화합시켜 단백질을 만드는 것은 기본적으로는 식물의 작용이라고 본다. 그러나 식물은 공기 중의 질소를 그대로 이용하는 것이 불가능하다. 질산염이라는 질소화합물의 모양으로 물에 녹아 뿌리로부터 흡수된 것이 아니면 이용이 안 된다. 즉, 이 질소 사이클을 설립시키기 위해서는 이들의 질소를 질산염으로 바꾸어 줄 필요가 있다. 그 절차를 질소고정窒素固定이라고 한다.

자연계에서 질소고정이 가능한 생물로는 콩과식물 뿌리에 기생하는 근류박테리아와 특별한 조류藻類 뿐이다. 이 이외에도 번개칠 때 공중 전기의 방전의 도움으로 질소는 물과 화합돼 질산이 된다. 여기에서 질산염은 식물에 흡수돼 단백질을 합성하게된다. 이들 단백질이 식물 단백질로 동물에게 먹히면 아미노산으로 분해된 후 이는 재 구성돼 동물단백질이 되나 동물은 그 단백질로 자신의 육체를 만들고 얼마 안돼서 죽게된다. 죽은 동물체는 환원자인 미생물의 손으로 넘어가 박테리아의 작용으로 암모니아로 변하게 된다. 그러면서 이와는 별개로 단백질이 동물의 체내에서 분해돼 암모니아가 되며 배설물로 몸 밖으로 나가는 과정이 있다.

동물에게 흡수되지 못한 식물단백질은 얼마 안 가서 고사하며 이 또한 환원자인 박테리아의 손에 의해 암모니아로 옮겨져간다. 한편 화산활

그림 3 질소순환

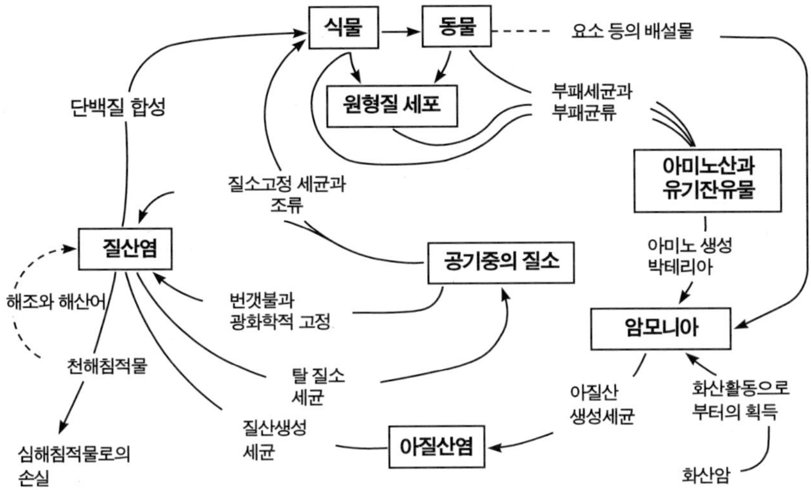

(자료) 『오덤생태학』 (조규송역)

동으로 암모니아가 공급이 된다.

질소와 수소의 화합물인 암모니아는 산화가 되어 아질산亞硝酸이 되며 또 한 단계 산화된다면 질산염이 된다. 이러한 역할을 담당하고 있는 것이 아질산박테리아, 질산박테리아라고 불리어 지는 박테리아로 땅 속에 무수하게 살고 있다.

그러나 박테리아 중에는 탈 질소박테리아라는 것이 있어 이에 의해 아질산이나 질산은 분해돼 원래의 질소로 되돌아가 대기 중으로 돌아간다. 이들 박테리아에 분해되지 않은 질산염은 다시 식물에 흡수돼 또 한 번 이들 사이클을 돌게 된다.

오늘날 기술의 발달은 인간도 질소고정자의 일원으로 참가하게 됐다. 다이너마이트의 원료인 니트로글리세린은 질산을 원료로 하고 있다. 질산은 초석硝石을 원료로 해 제조돼 왔으나 제 1차대전 당시 원료부족에 고민하던 독일은 공중질소의 공업적 고정법을 개발 해 현재로는 암모니아, 질산의 대부분은 공중질소를 원료로 하여 제조되고 있다. 이 기술이 바로 화학비료를 탄생시킨 것이다. 밭에 뿌려진 질소비료도 탈 질소 박테리아의 손으로 다시 공중으로 되돌려지고 있으나 이들 과정이 화학비료의 과다 사용과 농약으로 인한 박테리아의 살육殺戮으로 균형을 잃고 있던 것은 앞에서 강조한 것과 같다. 그림 왼쪽 밑의 「심해 침전물」과 오른쪽 밑「화산암」에서 시스템이 열려있는 것 같이 보이나 실은 이들 양자는 앞에서 언급한 것과 같은 지질학적인 동시에 지구화학적地球化學的인 사이클에 의해 다시 결합돼 있다고 본다. 따라서 질소순환은 폐쇄계라고 보며 폐쇄계에서는 가정의 마작놀이에서 보다시피 구성원 하나가 지나치게 이기면 게임은 스톱이 될 것이다. 인간은 자연속에서 구성원 하나에 불과하다는 것을 염두에 두고 게임에 임해야 할 것이다.

엔트로피 증대의 원칙

산소와 탄산가스의 순환에 관해서는「탄소 순환」이라는 모양으로 생각해 보게 된다. 그 이유는 생물학적 자연에 있어서 가장 기본적인 물질순환은 탄산가스 + 물 → 탄소화합물 + 산소, 탄소화합물 + 산소 → 탄산가스 + 물이라는 모양을 취하고 있기 때문이다.

처음의 탄산가스와 물로부터 탄소화합물이 만들어지는 절차는 식물이 태양광선과 엽록소의 도움을 빌려 행하는 것으로 이를 광합성이라고 부른다. 탄소화합물이 산소와 결탁해 물이 되는 것이 연소燃燒인 것이다.

그런데 자연계에는 엔트로피 증대라는 대 원칙이 있다. 엔트로피라는 것은 무질서를 나타내는 척도이다. 이는 어떤 것인가 하면 자연은 방치해 두면 자꾸만 무질서하게 돼 간다는 것을 의미한다. 역으로 말하면 어떠한 것이던 보다 무질서하게 만들기 위해서는 아무 노고가 필요치 않으나 질서를 유지하기 위해서는 그 나름의 에너지를 필요로 한다는 것을 의미한다.

가령 물에 관해 예를 들어보자. 물의 가장 질서있는 상태는 얼음이라고 본다. 얼음은 그 질서를 유지하기 위해 에너지를 투입하는데, 냉각을 시키지 않으면 자꾸만 그 질서를 잃어 녹아 물이 되고 만다. 물을 그대로 둔다면 다시 질서를 잃어 증발돼 수증기가 된다. 얼음은 1개소에 고체로 멈추고 있으나 물이 되면 그릇에라도 넣어두지 않은 한 자꾸만 낮은 곳으로 흘러내려가고자 한다. 이들이 기체가 되면 공간을 무한정 확산해가게 된다.

엔트로피 증대의 법칙은 도처에서 볼 수가 있다. 회사에서는 경영자의 경영노력이 부족하면 얼마 안 되어 도산이 되어 운산무소雲散霧消되고 만다. 한 나라에서도 위정자의 통치능력이 부족하면 무정부상태가 된다. 남자나 여자도 처음에는 서로 연애에너지를 이용해 결혼 방향으로 엔트로피를 감소시키나 그 에너지가 감소됨에 따라 권태기가 찾아들어 그대로 에너지의 감소가 지속된다면 이혼이라는 데 이르게 될지 모른다.

또한 교통정리를 해주지 않으면 도로는 제멋대로 달리는 자동차로 대혼란이 일어난다. 현대사회 페미니즘 단체한테 오해 살 만한 내용일 듯. 시계도 태엽을 감지 않으면 정지가 된다. 삶의 의욕을 잃은 인간은 무기력하게 된다. 공부하지 않으면 성적이 바로 떨어진다. 이들은 모두가 엔트로피의 증대라고 하겠다.

저 엔트로피 생물, 인간

생물이라는 것을 생각해 보면 이들은 물질이라는 것이 놀랄 정도로 질서

있는 상태로 정리된 것이다. 이들 질서를 유지해 나가는 것이 생존이라는 그 자체라고 본다. 즉, 생물은 낮은 엔트로피의 상태를 유지하지 않으면 안 된다. 엔트로피를 낮게 유지하기 위해서는 에너지가 필요 하다.

생물의 엔트로피가 어느 정도 낮은지를 단적으로 표현하는 것으로 생체를 구성하는 분자를 한번 생각해 보자. 자연계에서 가장 간단한 분자는 수소분자로 그 분자량은 2가로 된다. 단백질, 탄수화물 등의 생체를 구성하는 분자는 생체고분자生体高分子라고 불리우며 이들의 분자량은 1만에서 100만 이상이나 된다. 이러한 분자가 세포 $1m^3$ 속에 약 400억 개나 포함되어 있다. 예를 들어 인간 세포의 하나인 적혈구 한 개 속에는 2조 6,000억 개의 생체고분자가 포함돼 있는 것이다. 그리고 이들 세포가 60조나 모여 이들 모두가 하나의 집합체가 만들어지게 됨으로 겨우 인간 한 사람의 육체가 만들어지게 된다. 수소나 산소와 같은 무기물에 비해 얼마나 생물의 몸의 엔트로피가 낮은지를 알 수가 있다.

생물 중에는 엔트로피가 보다 높은 것과 낮은 것이 있다. 아메바와 같은 단세포생물은 다세포생물보다 엔트로피가 높다. 식물보다 동물이 엔트로피가 높으며 동물 속에서도 진화의 정도가 높은 동물일수록 엔트로피가 낮다고 본다. 그러므로 인간은 자연 속에서 가장 엔트로피가 낮은 상태에 있는 물질 덩어리라고 할 수가 있다.

만일 세포의 수만으로 비교한다면 인체의 세포수 60조 개에 대해 가장 큰 고래는 10경京(1경은 1만조)개의 세포를 지니고 있으므로 고래의 엔트로피 쪽이 보다 낮은 것으로 생각이 된다. 그러나 그럼에도 불구하고 인류가 엔트로피가 낮다는 것은 인간은 정보를 지닌 동물이라는 점이다. 정보는 고도의 정보일수록 엔트로피는 낮다고 본다. 엔트로피를 전자계산기만 알고 있는 사람과 컴퓨터의 프로그램맨이 되는 사람과는 후자 쪽이 컴퓨터에 관해서는 훨씬 질서가 서있는 지식을 갖고 있다는 점에서 그 만큼의 엔트로피가 낮은 정보를 갖고 있다는 것이 된다. 인간의 문명사文明史는 인간이 지니는 정보의 엔트로피를 감소시키는 역사였다고 말할 수가 있다.

정보의 축적을 담당하는 기억의 메커니즘은 아직 알려지지 못하고 있다. 그러나 유전 전달의 메커니즘은 분자생물학에 의해 해명 되어있다. 생체 세포 속의 DNA라는 분자량 100만 이상의 거대분자가 있다. 이는 당과 인산에 의해 A · T · G · C 4종의 염기가 계속적으로 이어져 있다. 이들 연결 상태가 유전 정보라고 하겠다. 포유동물에서는 약 30억의 A · T · G · C 가 결합돼 있다. 이들 배열 순서가 몇 종류나 있을지 생각해 보자. 두 개의 염기의 조합만으로도 AA, AT, AG, AC, TA, TT, TG, TC, GA, GT, GG, GC, CA, CT, CG, CC의 16개로 나눌 수가 있다. 세 가지 염기의 결합을 합친다면 64개로 일단 늘어나게 된다. 30억 개의 결합으로 되면 천문학적인 숫자가 돼 도저히 헤아릴 수 없는 것이다. 유전 정보라는 것은 이러한 천문학적인 어울림 속에서 단 한 종류의 배열 순서만이 선택되므로 전해지게 되는 것이다. 얼마나 유전 정보의 엔트로피가 낮은 것인지 알 수가 있다.

유전정보의 양은 인간과 대형 포유류에서 그렇게 차이는 없다. 그러나 생후에 획득이 되어 대뇌에 보존되는 정보의 양은 인간이 압도적으로 많다고 본다. 인간의 대뇌가 각별히 뛰어난 이유를 알 수가 있다.

인간은 자신이 갖고 있는 정보 엔트로피를 감소시켜서 문화를 낳고 이로 인해 세상의 엔트로피를 감소시켜 문명 사회를 이룩해온 것이다. 따라서 현대 문명 사회의 인간이 이제까지 지상에 나타난 최저의 엔트로피의 생물이라는 것이 된다.

탄소순환과 엔트로피

생체를 구성하는 유기무질 이외의 무기물질은 H_2O, CO_2 라는 단순 분자 구조에서 알 수 있듯이 엔트로피가 높다고 본다. 이와 같이 엔트로피가 높은 물질에서 탄소화합물과 같은 엔트로피가 낮은 유기물을 만들기 위해 식물은 태양 에너지를 이용하게 된다. 동물은 식물보다 더욱 엔트로피가 낮은 생체고분자를 생체 내에서 제조하지 않으면 안 된다. 그러기 위해 동물은 에너지를 어떻게 얻고 있는가 하면 섭취된 먹이를 호흡을 통한 산소에 의해 연소시켜 이들 연소에 의해 발생되는 에너지를 이용하고 있다.

탄산가스 + 물 → 탄수화물 + 산소라는 식의 절차는 엔트로피 감소의 과정이며 탄소화합물 + 산소 → 탄산가스 → 탄산가스 + 물이라는 절차는 엔트로피 증대의 프로세스라는 것이다. 즉 생물이라는 것은 탄소순환의 엔트로피가 가장 많이 감소된 상태에 있는 물질 덩어리인 것이다. 탄소 순환이 생물적인 자연에 있어서 가장 기본적인 물질순환이라고 한 것은 이러한 의미에서라고 본다.

탄소순환이 이 지구에서 생물을 포함하게 된 것은 탄소원자의 특별한 성격에 의한 것이다.

수소나 산소는 두 개의 원자가 결합된 것만으로 안정된 분자로 되게 마련이다. 그러나 탄소는 탄소원자끼리 차례로 결합되어 긴 연속된 탄소사슬과 탄소 고리를 만들게 된다. 탄소에 있어서 이런 성질이 없으면 몇 백만이라는 분자량을 지니는 생체고분자가 성립될 수 없다. 그리고 탄소원자가 풍부해지고 또한 탄소화합물이 화학적으로 활발하다는 성격이 가해져서 지상에는 풍성한 탄소순환의 사이클이 생기며 생물이 또한 생기게 된 것이다.

탄소의 자연순환과 인공순환

자연계에서 탄소순환의 개략을 표시하면 그림과 같다. 우선 탄산가스와 물에서 식물이 탄소화합물과 산소를 취한다. 산소는 대기 중에서 가장 많다. 이들 대기 중의 산소를 흡수해 동물이 먹이로서 섭취한 탄소화합물을 연소시켜 탄산가스를 공기속으로 되돌려 보낸다. 이들 탄산가스를 식물이 또 다시 이용하는 모양으로 하나의 사이클이 성립이 된다. 물 속에서는 수중식물과 수중동물이 물에 녹아 있는 탄산가스와 산소에 의해 같은 사이클을 그리고 있다. 동물에게 먹히지 않은 식물과 동물의 사해死骸들은 박테리아에 먹혀 또 하나의 별개의 사이클을 그린다. 이것이 본래의 탄소순환이라고 하나 그 곳에 인간의 문명 활동이 가해져 별도의 사이클이 마련되어 있다. 인간 이외의 동물이 에너지를 사용하는 것은 자기의 생체의 저 엔트로피 보전을 위한 것이며 이들은 모두가 먹이에 의해 마련되어 있다. 인체도 생체 유지나 먹이섭취에 의한 에너지로 마련되고 있으나 이와는 별개로 문명사회를 구성하는 여러 가지 시스템의 저 엔트로피 유지를 위한 그것과는 비교도 안 되는 정도의 대량 에너지를 필요로 하고 있다. 각국의 에너지 소비를 비교해보면 그것은 문명수준과 대체로 비례하고 있다는 것을 알 수가 있다. 한 사람 당 연간 에너지 소비를 조사해보면 석탄으로 환산해(1967년) 미국이 9,833 kg, 서부독일이 4,199kg 일본이 2,279 kg 인도는 175 kg로 돼 있다. 이는 기후 문제를 고려해 넣어야 되므로 이것이 바로 문명의 비교는 안 된다고 보나 대체로 이들과 부합되고 있다고 본다.

이들 에너지는 어디에서 얻어지는가 하면 석탄 38.7% 석유는 39.6%, 천연가스 19.4%, 수력, 원자력 2.3%(1967년)로 보고 있다. 이들 중 석탄, 석유, 천연가스는 어느 것이나 탄소화합물이라고 본다. 이들의 근본을

그림 4 탄소순환

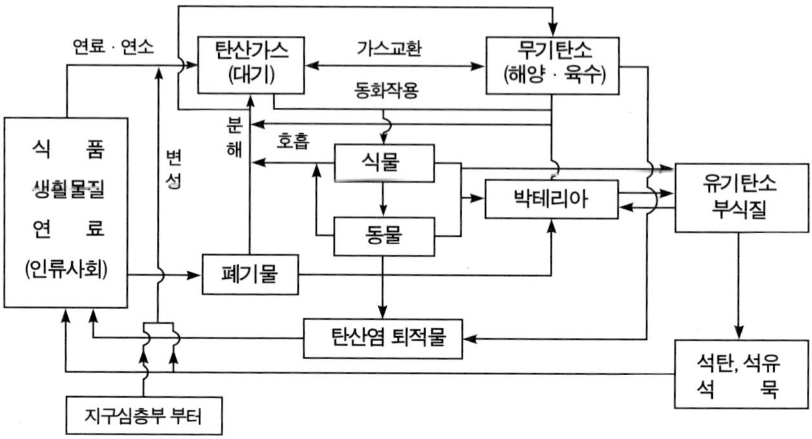

(자료) 『사회지구화학』(한야 · 야스베외 공저)

추적하면 태고시대의 식물, 미생물 등의 사체라고 본다. 여기에서 식물, 박테리아 → 석탄, 석유(연소) → 탄산가스라는 또 하나의 인위적인 사이클이 성립되고 있다.

인간은 탄수화물을 연료로 하고 있을 뿐만 아니라 공업의 원재료로도 쓰고 있다. 만들어진 제품은 소비되고 나중에는 폐기된다. 폐기된 것은 앞에서 언급한 것과 같이 플라스틱류를 제외하고는 연소나 미생물에 의한 분류 등의 절차에 의해 탄산가스로 되돌아간다.

이렇게 하여 순환되어 가는 탄소의 량이 각각 사이클에서 어느 정도 되는지를 보여준 것이 있다(그림 4). 단위는 연간의 순환량을 그램 수로 제시한 것이다. 이 그림에 의하면 공업 활동에 의한 탄소순환이 생물계를 순환하는 탄소량의 3분의 2 정도가 되어있다. 인간이 자연속에서 어느 정도 큰 지위를 점유하는지 이들 그림을 통해 잘 알 수가 있다.

그림 5 탄소의 이동량

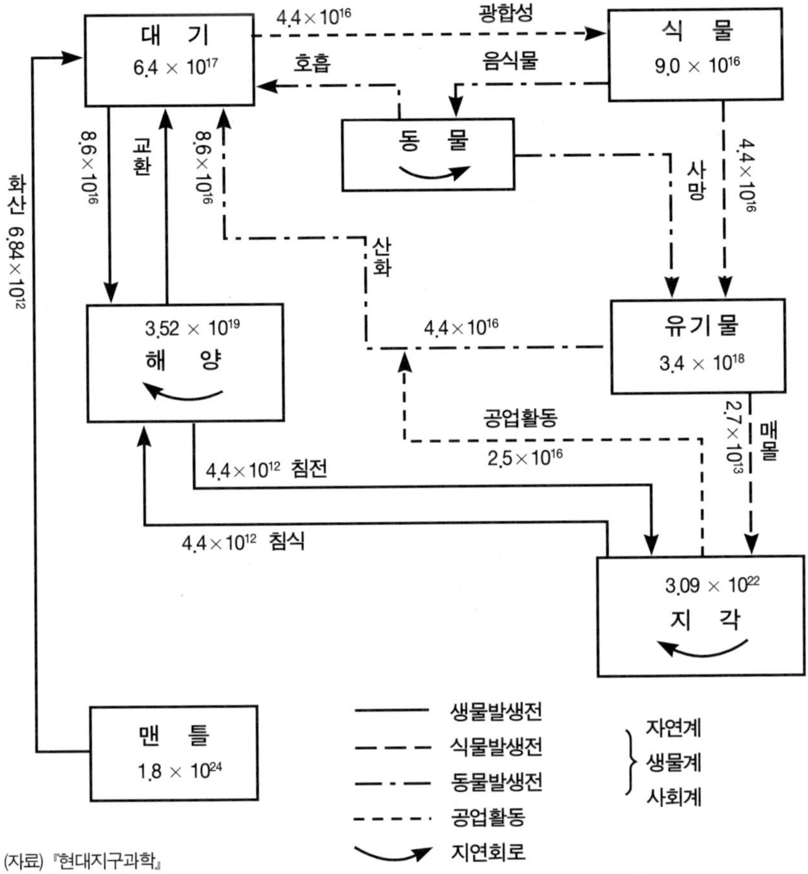

(자료) 『현대지구과학』

태고로 돌아가는 지구 ?

지구 초기 상태의 대기는 탄산가스를 주성분으로 하고 있었다고 본다. 여기에 식물이 나타나고 광합성을 계속하므로 탄산가스를 소비해 산소를 생산해왔다. 만일 그대로의 상태가 지속이 됐다면 탄산가스는 소비돼 탕진됐을 것이다. 그것을 구한 것이 호흡동물의 출현이라고 본다. 산소를 흡수해 탄산가스를 토하는 동물의 출현으로 탄산가스 → 산소의 일방

통행이 탄산가스 → 산소 → 탄산가스 사이클로 된 것이다.

사람이 석유나 석탄 이용이 시작되기 전까지 이 사이클은 균형이 유지된 회전을 지속해왔다고 본다. 그러나 현재는 식물이 광합성에 이용되는 탄산가스의 양 보다 대기 속으로 방출되는 탄산가스 쪽이 훨씬 많다. 탄산가스 주성분의 대기가 지금의 산소 우세의 대기가 될 수 있던 것은 이미 태고 때 광합성으로 산소를 방출한 후 분해에 의해 탄산가스로 되돌아가지 않고 탄소화합물炭素化合物의 상태로 잠자고 있던 식물군이 있었기 때문으로 본다. 그것이 바로 석탄이며 석유인 것이다. 이를 캐내서 전부 연소시킨다면 대기의 상태는 태고시대의 탄산가스 우세의 상태로 되돌아간다는 것은 당연한 이치일 것이다

현재, 화석연료(석유, 석탄)의 연소에 필요한 산소는 연간 60억 톤이라고 한다. 대기 속의 산소는 약 1,200조 톤으로 견적이 되므로 화석연료化石燃料에 의한 산소의 적자가 동률로 지속됐다해도 20만 년은 유지된다고 본다. 다만 호흡동물은 산소의 양이 지금의 100분의 1로 된다면 사멸하고 만다. 인간과 같은 고등동물은 더 빨리 잘못될 것이다. 따라서 그 시점에서 산소의 적자를 유지해온 인간의 문명도 종식이 되고 다시 식물에 의한 산소공급으로 대기는 맑아진다고 본다. 더욱이 이들 청정화된 지구에는 물론 인간도 사라지게 될 것이다.

과거 1세기 사이에 대기 속 탄산가스 농도의 변화를 보여준 것이있다(그림 5). 탄산가스 농도의 측정은 국지적인 측정은 간단하나 이들 측정지점이 충분하지 못해 지구적인 규모의 정밀 관측은 애로점이 많다고 본다. 그리고 19세기 이전의 데이터가 없으므로 엄밀한 논의는 어렵다고 본다. 그러나 그림에서 보듯이 대기 속의 탄산가스가 증가되고 있는 것만은 확실하다. 최근 50년 사이의 탄산가스의 총량은 10% 증가됐다고 주장하는 학자도 있다.

자연시스템에 밀려나오는 화학연료

현재의 화석연료 사용량으로 본다면 더 급속히 탄산가스가 증가돼도 좋을 것 같으나 앞에서 언급한 자연의 시스템에는 완충기구가 작동하고 있다. 탄산가스의 경우는 그것이 두 가지가 있다. 그 하나는 대기 속의 탄산가스가 증가하면 그 만큼 식물의 광합성이 자극을 받아서 한층 왕성해진다는 것이다. 광합성이 왕성하면 탄산가스가 많이 소비되며 산소가 많이 배출된다. 또 하나는 바다가 탄산가스를 용해하는 것이 된다. 산소는 물에 잘 녹지 않으나 탄산가스는 잘 녹게 된다. 어느 정도 녹느냐 하는 것은 압력에 비례한다고 본다. 대기 중으로 탄산가스가 증가하는 것은 그 만큼의 탄산가스 압력도 증가되어 그 분량만큼은 바다에 녹아들게 된다. 역으로 대기 속의 탄산가스가 감소되면 압력이 줄어들어 이번에는 바다

그림 6 과거 1세기 CO_2 농도의 변화

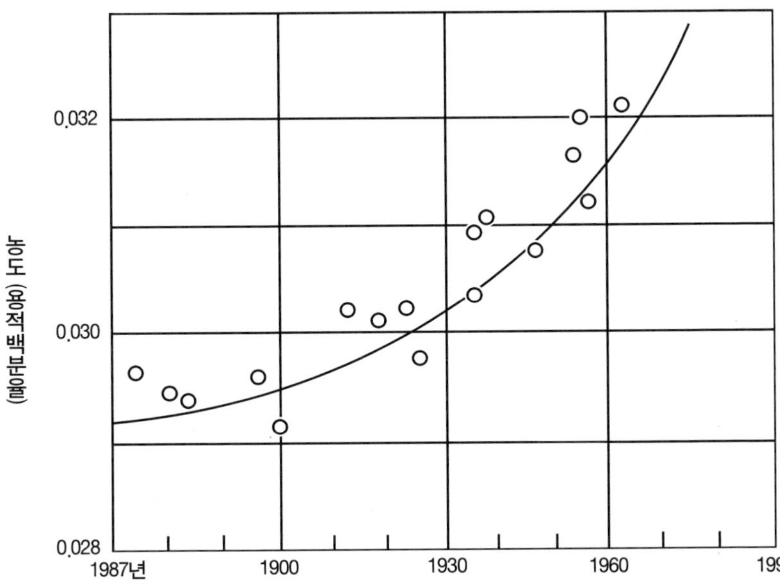

에서 대기 속으로 탄산가스가 방출된다. 말하자면 바다는 탄산가스의 흐름 속에서 댐과 같은 역할을 하고 있다고 본다. 물론 바다의 탄산가스 용해에도 한계가 있다. 이를 초과하면 어떻게 될 것인가? 해수 속에 녹아있는 칼슘, 마그네슘 등과 결합돼 탄산칼슘(석회암), 탄산마그네슘으로 돼 바다 밑으로 가라앉는다.

이런 식의 훌륭한 완충시스템이 있으면서도 대기 속의 탄산가스가 증가되고 있는 것은 화석연료 사용 규모의 거대함을 보여주고 있다고 본다(그림 6).

화석연료는 더욱 급속도로 소비되고 있다. 이것이 대기에 어떠한 영향을 미치는 것이 되느냐에 대해서는 그 누구도 확실한 전망을 세울 수가 없다. 그러나 적어도 인간을 비롯한 생물에 있어서 더욱 더 살기 힘든 환경으로 된다는 것은 피할 수 없는 것이라고 본다.

놀라운 기후 파괴

대기는 우주선 방사능의 방어장치

대기는 질소와 탄소 순환의 일익을 담당하는 이외에 생물에 있어서 중요한 기능이 몇 가지 있다. 그 하나는 우주로부터 쏟아지는 우주선宇宙線, 태양풍, 자외선 등을 막아주는 것이다.

우주공간은 방사능으로 가득 차 있다. 우주의 이쪽 저쪽에서 수소폭탄쯤은 비교가 안 되는 대폭발이 일어나고 있기 때문이다. 예로서 황소자리牡牛座의 게별구름은 대폭발의 흔적이라고 보나 이들 폭발의 강도는 수소폭탄을 1억 개나 동시에 폭발시킨 1억 배 강도에 다시 1억 배 정도의 강도라고 한다. 1942년 말 발견된 새로운 별은 폭발에 의해 불과 2개월 동안 태양이 1만 8,300년 걸려 내보내는 것과 흡사한 에너지를 방출하고 있다.

이러한 큰 폭발이 은하계 우주에서 매년 20회에서 30회나 관측이 되고 있다. 이 폭발로 나온 높은 에너지 입자들이 우주공간을 헤매고 있으며 이를 우주선宇宙線이라고 한다. 원자물리학 연구에서 사이클로트론, 신클로트론 등 입자가속기가 쓰여지고 있다. 이는 전자나 양자를 전자기력으로 가속시켜 이들 높은 에너지 입자를 원자핵에 부딛혀 소립자素粒子의 구조를 연구하고자 하는 것이다. 현재 세계에서 가장 대규모의 가속기에 의해 만들어지는 에너지 입자는 300억 전자볼트 정도라고 한다. 이에 대해 우주선의 강한 것은 1경京전자볼트 다시 1만 배의 강도가 있다. 좌우간 그 에너지에는 놀라운 힘이 있다고 본다. 만일 우주선에 대한 방호설비防護設備 없이 인간이 우주공간으로 뛰쳐나간다면 바로 방사능에 희생된다는 것은 필연적이라고 본다.

그러나 지구에 있는 인간은 우주방사능에는 희생당하지는 않는다. 그 이유는 대기가 우주방사능을 방지해주기 때문이다. 대기를 통해 지상으로 도달하는 우주선도 있으나 이들 방사능은 대기의 방호작용 덕택으로 대지에 함유된 방사선 원소로부터의 방사능 보다 낮은 레벨까지 떨어져 있다. 그러나 대기가 얇은 곳에서는 그만큼 우주선도 강하다. 대체로 고도가 1,500 m 높아짐에 따라 우주선의 강도는 2배씩 높아진다.

우주선 이외에 태양에서 나오는 고에너지 입자군이 있으며 이것은 태양풍太陽風이라고 불리어지고 있다. 이들의 속도는 마하 3에서 5, 온도는 10만 도이고 이 또한 극심하나 이들 대부분은 지구의 자력선磁力線에 의해 튕겨나간다. 그러나 자력선은 페리아를 뚫고 침입해오는 입자도 상당히 많다고 본다. 이를 막아주는 것 역시 대기大氣라고 본다.

요즘은 자외선이라면 건강에 유익하다고 생각하는 환상에 빠진 사람이 많으나, 실은 생물에게는 매우 유해하다고 본다. 자외선이 강한 곳에서 피부가 타는 것은 이들 유해한 자외선을 체내로 들어오지 않게 하기 위해 피부에 색소를 침전시키는 생체 방어 기구의 작용이라고 본다.

왜 자외선이 유해하느냐 하면 자외선에 쪼인 세포는 핵산이 파괴되는 까닭이다. 세포 속의 핵산은 유전 정보의 담당자로 이들이 당하게 되면 생체세포로서의 기능을 상실하게 된다. 이를 막아주는 것이 대기 속 산소라고 본다. 산소는 자외선紫外線의 에너지를 받아서 오존이 된다. 자외선이 강한 곳에 오존이 풍부하다는 것은 이 때문이다.

생물은 자외선이 약한 곳에서만 살아갈 수가 있다. 따라서 대기 속에 산소가 적은 태고 시대의 생물은 바다 속에서만 살게된 것이다. 육상동물에 있어서 대기중의 산소를 상실하는 것은 호흡에 지장을 주는 것만이 아니라, 동시에 자외선의 위협에 노출되고 있다는 것을 의미한다.

중요한 대기의 보온효과

대기의 또 하나의 기능은 지구 보온保溫이라고 본다.

대기가 없는 달에서 태양이 비친면은 더우나 그늘진 곳은 얼음과 같이 찬 곳이다. 평균온도는 영하 이하이다. 지구도 대기가 없으면 평균 온도는 영하 23도라고 보나 실제로는 14도이다. 이러한 차는 대기의 온실효과溫室效果라고 불리어지는 작용으로 본다.

태양에서 지구에 도달하는 열에너지는 주로 가시광선의 형태로 온다. 대기는 가시광선을 자유로이 통과한다. 태양광선으로 데워진 지구는 적외선을 방사한다. 그런데 이 적외선은 대기중의 수증기나 탄산가스에 의해 흡수되고 만다. 적외선을 흡수한 수증기나 탄산가스가 지구를 이불로 싸듯이 데운다. 이것이 온실효과이다.

이 온실효과가 없으면 지구는 생물에 대해 너무도 차가운 환경이 됐을 것이다. 온실효과는 공기 중의 탄산가스와 수증기의 양에 의해 결정이 된다. 따라서 화석연료의 사용에 의해 공기 중의 탄산가스가 증가한 것으로 지구는 데워지고 북극 남극의 얼음이 녹아 해양의 수위가 상승한다고 예언하는 학자도 있다. 그런데 현실은 1940년 이후 세계의 기온은 하강되는 추세이다. 이대로 지속이 된다면 다시 지구에는 빙하기가 찾아오지는 않을까라고 예측하는 사람들도 있다.

【주】 이 당시에는 여기에 기술한 것과 같이 세계의 평균 기온은 1940년이래 조금씩 하강돼 갔다. 그러나 1970년대 중반부터 평균 기온은 상승으로 돌고, 그대로 상승 경향이 지속되므로 1990년 현재는 온실효과에 의한 기온 상승(해면 수위 상승)쪽이 염려되게 된 것이다.

세계의 평균 기온을 정확히 파악한다는 것은 어려움이 있다. 특히 지난날 정보교류가 힘든 시대는 더욱 그러했다. 지역차이나 시간대 차등으로 데이터를 취합하는 것이 어려웠던 것이다. 세계의 평균 기온이 70년대 중반을 사이에 두고 확실히 상승 쪽으로 향한다는 것이 확인되고 있다는 것은 최근 1988년 말에 이르러서라고 본다. 한편 상승했다 해도 도중에 말 한 것과 같이 여기에 한랭화寒冷化 시기가 있어서 20세기 초두의 처음과 1988년의 평균기온을 비교해 보아도 또한 0.5도의 상승이다.

이러한 한랭화寒冷化와 온냉화溫冷化에 관해 어떻게 생각해야 좋을지. 앞에서나 다음에 언급되는 문명이 가져온 대기오염에는 한랭화를 가져오는 요인과 온난화를 가져오는 요인, 어느 쪽이나 다 있다고 본다. 또한 기후변동도 주로 인위적인 요인에 의해 이루어지는 것이 아니라 오히려 자연적인 요인에 의해 이루어지는 부분이 크다고 생각이 된다〔문명에 의해 환경파괴가 일어나기 이전부터 지구는 빙하기로 되거나 간빙기間氷期가 되기도 했다〕자연적인 요인에서도 한랭화를 가져오는 요인과 온난화를 가져오는 요인이 있다. 이들 인위적, 자연적인 여러 요인의 종합적 균형이 1970년대까지는 한랭화쪽으로 기울어져 있었으나 그 이후부터는 온난화 쪽으로 기울어졌다고 말할 수가 있다. 이러한 경도傾度의 변화는 어떠한 요인이 원인이 돼 어느 정도 관여한 것인지를 잘 알 수는 없다. 그러나 20세기 후반기에 외길로 달리는 높은 기준의 이산화탄소의 증가에 의한 온실효과의 기여율이 매우 높을 것이라는 전 세계의 기상학자들의 견해는 일치하고 있다. 이 이외로 최근 주목을 받고 있는 것은 아산화질소, 메탄, 프레온 등에 의한 온실효과가 지적되고 있다. 이들 중 메탄은 자연적인 요인으로 보나 다른 두 가지는 역시 문명에 의한 환경파괴라고 본다. 이상과 같은 것을 염두에 두고 다음 차례를 읽어주면 좋을 것 같다. 지구가 온난화로 향하였다 해도 한랭화寒冷化 요인이 사라진 것은 아니라고 본다. 이러한 한랭화 요인도 당시보다 한층 더 강하게 작용하도록 되어있는 점에서 지금의 상황을 한층 심각한 것으로 만들고 있다(1990년 11월 문고판에서 인용).

냉각되는 지구

온실효과가 한층 강화된 데에도 불구하고 왜 그 당시에 지구는 냉각 되었는지?

그 원인의 하나로 대기오염이 있다고 하겠다. 자동차, 비행기의 배기가스, 공장으로부터의 가스, 주택이나 빌딩의 난방에서 나오는 배기가스 등에는 일산화탄소, 아황산가스 등의 유해가스 이외에도 부유 분진浮遊粉塵이라고 하는 미세 단위가 포함되어 있다.

대도시 도쿄東京의 한 지역에서 있었던 유명한 납 공해는 가솔린 속에 함유된 안티놀 재로 첨가된 4H 납이 엔진 속에서 연소되어 염화납이 된 것이 0.5 마이크론 미립자微粒子로 배출되므로 일어난 것이었다.

미립자는 알맹이가 크면 중력에 끌려 지상으로 떨어지나 1마이크론 이하들은 일단 고공으로 올라가 대체로 반영구적으로 대기 속을 부유하게 된다. 이들 미립자들은 탄소가 대부분 이지만 공장 지대에서는 철, 나트륨, 알루미늄, 아연, 망간 등이 많으며 미세 분석을 통해 금은에 이르기까지 다양한 금속 원소를 함유하고 있다.

일본(도쿄도)에서는 석유계 연료에서만 배출된 미립자가 3만 톤에 달한다고 한다. 도쿄의 공기를 한번 호흡하는데 10억 개의 미립자를 흡입하는 격이라고 한다. 우리의 수도권은 어떠한지? 도쿄의 하늘만이 극단으로 오염됐다는 것은 아니라고 본다. 대기는 온 세계를 돌고 있다. 그린랜드의 얼음 속에서도 자동차 배기가스에서 나온 납이 검출될 정도이다. 대기 속의 미립자의 증가로 대기는 급속히 혼탁해지고 있다. 하와이의 마우나로아산(Mauna Loa) 정상의 관측에서 과거 10년간의 대기 혼탁계수조사 결과를 보면 실로 30%나 증가됐다고 한다.

우선 태양의 광선 에너지는 주로 가시광선에 의해 작용한다고 돼있으나 이는 100% 지구로 흡수되는 것은 아니라고 본다. 상당량의 광선이 반사되고 있다. 지표면의 알베도(albedo)는 10～30%, 눈이나 얼음위에서는 30～90%나된다고 한다. 지구 대기의 상층부는 언제나 구름이 절반 정도 덮여 있으며 이 구름의 알베도는 60%나 된다.

대서양 위를 왕복하는 제트기의 기장들이 대체로 인정하는 데에 따르면 최근 성층권成層圈에도 연무(아지랑이)가 대량 발생하고 있다고 한다. 이는 비행기 자신의 배기가스 속에 미립자나 지상에서 타고 올라온 미립자를 핵으로 해서 만들어진 미소한 물방울들이 라고 추정되고 있다. 미립자 자신 또는 미립자로 인한 아지랑이나 구름의 증가가 알베도를 상당히 증가시키며 그로 인해 지상에 도달하는 일사량이 줄어들고 최근 지구의 저온화低溫化를 유발했다는 설이 유력하다.

온실효과는 지표면에 태양에너지가 도달되어 적외선이 방사된 후 비로소 의미를 갖게된다. 대기 상층에서의 알베도 증가로 대체로 지상에 도달하는 광선이 줄어든다면 아무리 탄산가스가 증대해 온실효과가 강해진다 하더라도 의미가 없다고 본다.

대기속의 미립자는 강우 기후까지 혼란시키고 있다. 최근 세계 각처에서 집중호우로 대 홍수가 빈발하고 있으나 이는 대기 속의 미립자가 증가되고, 다시 이것이 비의 핵이 되어 다량의 수증기를 비로 바꾸었기 때문이라고 한다.

※ 알베도(albedo)…지표, 구름, 대기로부터 그 표면을 가열함이 없이 반사되는 일사日射의 비율. 평균 약 30%이나 지표의 물질이나 지형에 입사각이나 파장에 의해 많은 차이가 있다. 도시나 바위 위에서는 12~18, 초원이나 숲에서는 8~28%, 건물 위에서는 40%나 된다(역자 주).

기후 형성의 혼란

대기가 지니는 기능 중 하나는 기후 형성도 인간의 문명 활동에 의해 중대한 영향을 받고 있다는 것이다.

기후의 변화는 공기의 흐름에 의해 일어난다. 지구가 구명체인 관계로 적도 부근은 수직으로 빛을 받고 있어 열을 잘 받고 있으나 극지대極地帶 근처에는 간접적으로 비스름하게 빛을 받으므로 추운 것이다. 열대는 데워져가며 상승되어 기압은 내려간다. 한대에서는 역으로 고기압이 되어 하강 기류가 만들어진다. 여기에서 지구 전체 규모의 공기이동이 생긴다. 이것이 바로 기후 형성을 위해 가장 중요한 인자로 본다.

이들 대기의 이동에 의해 공장지대에서도 산소 결핍이 일어나지 않으며 숲에서는 탄산가스 결핍이 일어나지 않고 있다. 이렇게 동시에 대기 이동이 있기 때문에 선진 여러 나라의 대기 오염은 전 지구적으로 확산되어 피해를 끼친다고 말할 수가 있다.

그런데 문제가 되는 것은 최근 인간의 에너지 사용이 기후에 미칠 영향을 주는데 있다는 것이다. 앞서 언급한 기후변화의 근본 원인은 태양열 에너지가 지역에 따라 불균등하다는데 있다. 그런데 이미 공업지대나 대도시 지표면에서 받아들인 태양열에너지의 두 배가 넘는 에너지를 쓰고 있다. 지금의 속도로 에너지소비가 진행된다면 100년 이내에 인간이 원자력, 화학연료 사용에 의한 에너지는 전 지구가 받아들일 수 있는 태양열에너지에 맞 먹을 정도로 된다고 한다.

그렇게 되면 이제까지 태양열의 받아들일 양의 정도에 따라 열대, 온대, 한대, 그리고 이들을 묶어주는 공기의 흐름 이외에 인위적인 에너지의 지나친 사용으로 열대, 온대, 한대는 이에 따른 공기 흐름의 차이가 생겨 지구상의 기후현상은 상상 이상의 혼란을 일으킬 것이라고 한다.

생각해보면 기상의 혼란은 이미 시작된 것인지도 모른다. 날씨의 예보가 적중하지 않는 것이 이러한 이유라고 보겠다.

대기오염이라는 공해가 논쟁거리로 되는 것은 주로 이것의 유독성 때문이라고 본다. 물론 그것은 피할 수 없는 피해라고 보나 이 이상으로 지구시스템 자체가 크게 흔들려지는 공포 쪽이 더욱 큰 것이라는 것을 알고 있어야 할 것 같다.

인燐과 에너지

생물의 "에너지 통화" ATP

지금까지는 물의순환, 대기순환, 그 속에서 질소, 탄소의 순환을 보아왔으나 지구상의 모든 물질은 같은 방식으로 각각 폐쇄적인 순환계 속을 이동하게 된다. 이들 무수한 순환계는 뒤엉킴 속에서 비로소 생물은 성립이 되고 있다.

생물에게 필수 원소로 또 하나의 인燐을 다뤄보자. 인은 왜 인체에 필수적인가는 ATP(adenosine triphosphate)라는 인을 포함하는 탄소화합물이 모든 생체 내에 있어 에너지를 주고받는 역할을 하기 때문이다. 모든 생물은 식물, 동물, 박테리아를 불문하고 모두가 섭취한 먹이를 체내에서 연소(산소와 결합)되므로 에너지를 얻게 된다. 이러한 에너지로 ATP를 합성하게 된다. 그리고 에너지가 필요할 때에는 ATP를 분해해 이때 발생되는 에너지를 이용한다. 인간은 ATP 없이 운동은 물론 호흡, 소화, 체온 유지 등의 생체 내 반응, 심지어 정신적인 사고思考까지 불가능하게 된다.

에너지론적으로 ATP 생산 능력을 지닌 것의 출현이 생물의 발생으로 보면 된다. 박테리아로부터 식물, 동물, 인간에 이르기까지 전체 생물에너지 면에서 이들 ATP를 이용하고 있으며 따라서 ATP는 생물의 에너지 통화通貨라고 까지 이야기되고 있다. 비료의 3대 요소로서 질소, 인산, 칼리를 들고 있는 것이 인산燐酸이 ATP 합성에 필수적이기 때문이다. 인간에 있어서도 필수 영양소이며 하루 1,000 mg은 섭취해야만 된다고 한다.

인燐 광석 채취로 일어나는 일들

인간이나 동물은 대체로 먹이를 취하는 것만으로 인燐 성분을 취한다고 본다. 그러나 식물, 특히 토양을 고도로 활용하는 농작물에서는 인이 부족하기 쉽다.

그 이유는 땅 속의 인은 물에 흘러 들어가기 쉬우며 결국 바다로 들어간다. 바다의 인은 바다 밑으로 침전하게된다. 이 흐름과 역으로 흐름이 없다면 육상 생물들은 결국 인을 탕진하게 되는 것이다. 사실은 약간씩 그러한 방향으로 조금씩 진행되는 것 같으나 자연계에는 몇 개의 역으로의 루트가 있다.

그 하나로 바다의 물보라가 바람에 의해 육상으로 되돌아오는 경우이다. 어떻게 보면 어리석을 정도의 사소한 이야기를 꺼낸다고 할지 몰라도 실은 이 문제를 소홀하게 다룰 수가 없다. 미 대륙의 중앙이라면 가장 가까운 해안에서의 거리라 해도 홋카이도에서 큐수까지 보다 더 긴 거리를 갖고 있으나 이곳에 흐르고 있는 강물 속의 염분을 조사해보면 이들의 절반이 바다 물보라가 날아온 것이며, 나머지 절반은 주변 침식을 통한 암석이 녹아 내린 것으로 되어 있다고 한다. 이를 평균하면 인에 한정된 것이 아니라 하천의 전 염분의 3분의 2는 바다의 물보라에 의한다고 한다. 물론 바다의 물보라는 하천에만 날아오는 것은 아니며 지표면 전역으로 확산되는 것이다.

바다 밑으로 가라앉은 인은 관심에서 사라질 정도의 시간이 걸려 지질학적인 이동을 한다. 그러나 그 이전에 일부는 해류를 타고 또 한번 바다 표면으로 나오게 된다.

해류에는 수평 방향의 흐름과 수직적인 흐름이 있다. 태평양과 같이 넓은 바다라면 수평 방향의 흐름에서는 14～15년에 바닷물은 섞이고 있다고 한다. 이에 대해 수직방향으로도 100년 단위의 시간이 걸려 역시 혼합되고 있다고 한다.

남미의 페루 해변에는 해수의 강한 용승류湧昇流가 일어나고 있다. 따라서 이 근처의 수역은 인 성분이 풍부해 이 곳에 살아가는 물고기들에게도 인 성분이 많이 포함돼 있다고 본다. 이들 인 성분은 물고기를 먹는 새들에게 옮겨져 간다. 새들은 여분의 인을 배설물로 내 보낸다. 해안의 새들이 집 지은 또는 짓는 곳에는 이들 인 성분이 풍부한 배설물이 집적돼있다. 이를 구아노(guano)라고 하며 채집하여 비료로 쓰이기도 한다.

이들 해역에서 풍부한 것은 인 성분만이 아니며 허무하게 해저로 가라앉은 영양분은 모두가 표층으로 올라오므로 플랑크톤 발생이 많아 이를 먹이로 해 찾아오는 어군魚群이 많아진다. 페루가 세계적으로 어획고가 1위라는 것은 이러한 이유라고 본다.

일반적으로 육상보다 바다 속이 인분이 풍요롭고 그 때문에 물고기에는 인 성분이 많다. 물고기를 잡아먹는 새나 사람의 존재는 인 순환과 무관한 것은 아니라고 본다.

이러한 자연의 회로回路를 이용하는 것만으로 인은 농업에 충분하다고 볼 수가 없다. 그러한 관계로 인 광석을 채굴해 이를 비료로 사용하게 되었다. 현재 연간 1억 톤 가까이 인 광석이 체굴 돼, 약 2,000만 톤이 인산비료로 생산이 되고 있다. 이것 없이는 인간의 식량을 충분히 생산하는 것은 불가능하다고 본다.

다시 말한다면 자연의 회로가 공급하는 인으로 성장되는 식용식물 이상의 식용식물을 인간들은 필요로 하고 있다. 이를 인 광석 채취라는 인공회로를 첨가하는 것으로 가능하게 하고 있다.

그러나 이 회로마저 무한한 것은 아니라고 본다. 인 광석 채취라는 인공회로人工回路는 지질학적인 시간을 소모하면서 자연이 이루어져 가는 작업으로 그 일부만을 인위적으로 앞당기는 역할을 다하고 있다고 봐야 할 것이다. 그러면서 인위적인 앞당기기가 무한정 지속이 된다고는 볼 수가 없다. 도운 만큼, 이 이후의 곤란한 문제에 직면하게 되는 것이 눈에 보이는 것은 아닌지 모른다.

먹이연쇄와 자연균형

복잡한 "먹고 먹히는" 짜임새

인의 순환에서 언급한 것과 같이 물질순환의 한 시스템 속에 동물의 포식捕食관계가 있다.

생산자인 식물은 에너지를 직접 태양광선에 의지하며 생체보존을 위한 물질은 잎과 뿌리로부터 직접 무기물질의 상태로 흡수하게 된다. 소비자인 동물은 그러한 재치있는 흉내는 불가능하다.

이와 비슷한 예이기는 하나 인간이 질소, 인산, 칼리의 비료를 뱃속 가득히 채우고 물을 마시고 태양광선 아래에서 알몸으로 잠자고 활동한다 해도 바로 배탈을 만나고 감기에 걸릴뿐이며 비료 성분으로 배설될 뿐이다. 동물이 먹은 음식물은 호흡에 의해 얻은 산소로 연소시키므로 에너지를 얻게된다. 생체生体를 구성하는 자료도 모두 먹는 도리 외에는 없다.

먹이의 종류에 따라 동물은 초식, 육식, 잡식으로 나눌 수가 있다. 이 이외에도 특별한 식성을 갖고 있는 부식성동물腐食性動物이 있다. 한편 먹이종류의 다과에 따라 광식성廣食性과 협식성狭食性의 동물로 나눠지게 된다.

인간은 모든 동물 중에서 가장 전형적인 광식성廣食性의 잡식성이라고 본다. 해초와 물고기, 야채와 육류를 같이 먹는 다른 동물은 없다고 본다. 이만큼 먹이의 대상이 넓은 것이 동물계에서 인간이 번영할 수 있는 이유의 하나로 본다. 먹이의 양은 그 동물의 생존이 가능한 개체수의 한계를 정할 수가 있기 때문이다.

동물 사이에는 잡아먹고 먹히는 관계가 있다. 초식동물은 육식동물에게 먹히고 육식동물은 그보다 큰 육식동물에게 먹힌다. 이러한 관계를

그림 7 오제가하라(尾瀨原) 생물군집

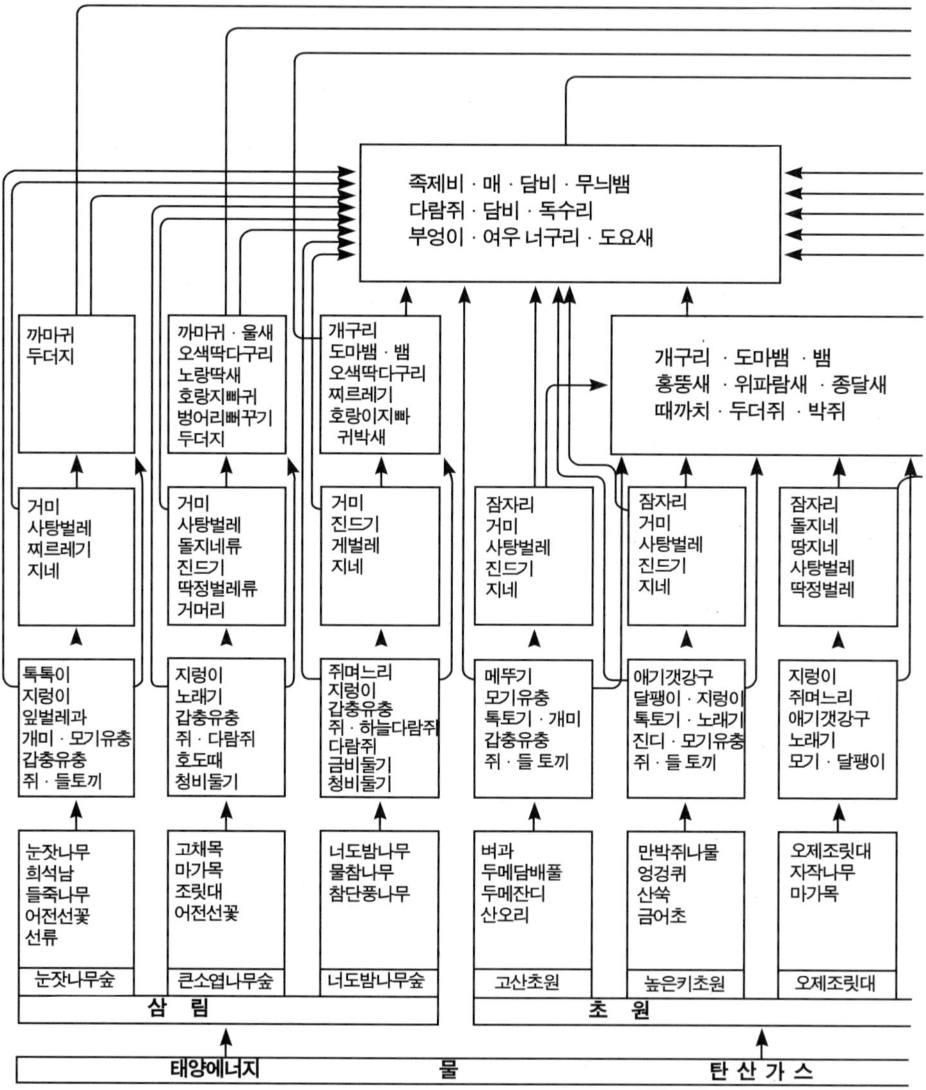

(자료) 키타자와에 의함.

먹이 연쇄의 예(일본)

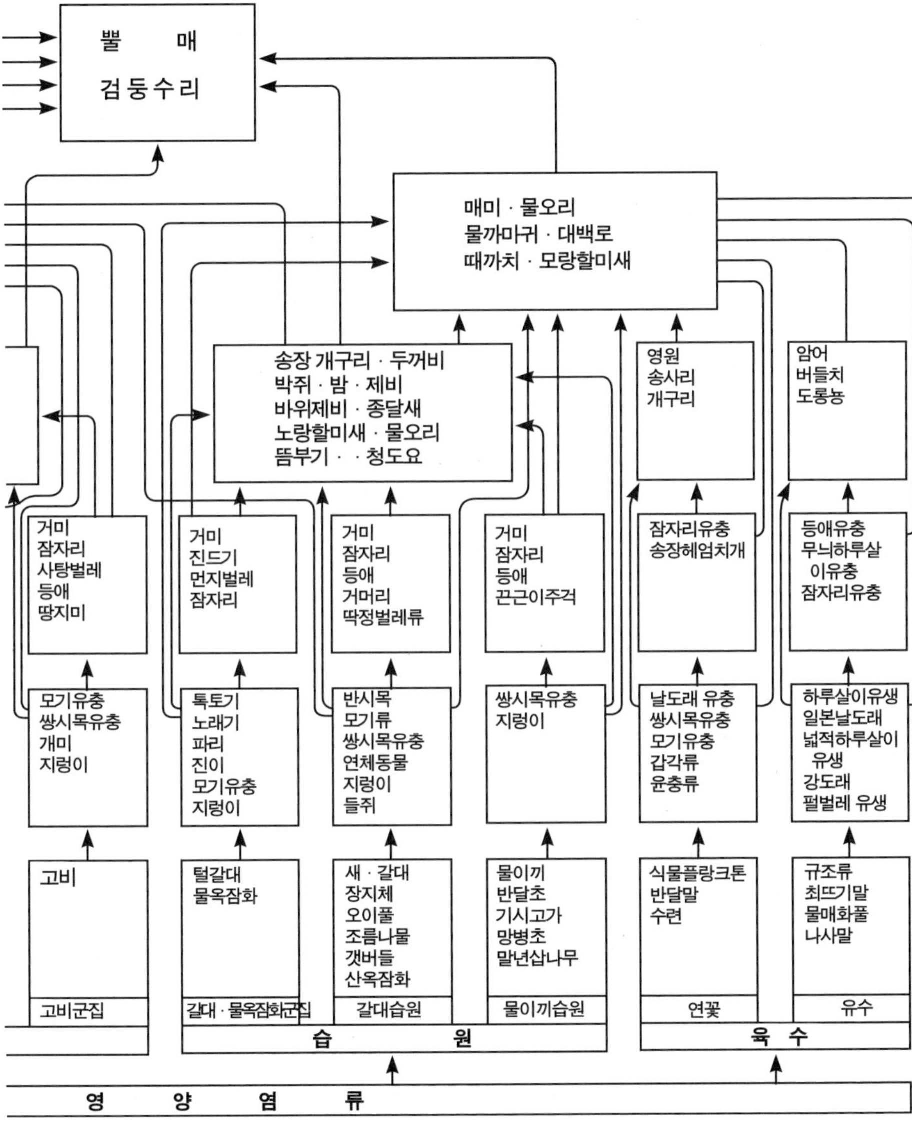

뿔 매
검둥수리
매미 · 물오리
물까마귀 · 대백로
때까치 · 모랑할미새
송장 개구리 · 두꺼비
박쥐 · 밤 · 제비
바위제비 · 종달새
노랑할미새 · 물오리
뜸부기 · · 청도요
영원
송사리
개구리
암어
버들치
도롱뇽
거미
잠자리
사탕벌레
등애
땅지미
거미
진드기
먼지벌레
잠자리
거미
잠자리
등애
거머리
딱정벌레류
거미
잠자리
등애
끈근이주걱
잠자리유충
송장헤엄치개
등애유충
무늬하루살
이유충
잠자리유충
모기유충
쌍시목유충
개미
지렁이
톡토기
노래기
파리
진이
모기유충
지렁이
반시목
모기류
쌍시목유충
연체동물
지렁이
들쥐
쌍시목유충
지렁이
날도래 유충
쌍시목유충
모기유충
갑각류
윤충류
하루살이유생
일본날도래
넓적하루살이
유생
강도래
펄벌레 유생
고비
털갈대
물옥잠화
새 · 갈대
장지체
오이풀
조름나물
갯버들
산옥잠화
물이끼
반달초
기시고가
망병초
말년삽나무
식물플랑크톤
반달말
수련
규조류
최뜨기말
물매화풀
나사말
고비군집
갈대 · 물옥잠화군집
갈대습원
물이끼습원
연꽃
유수
습 원
육 수
영 양 염 류

먹이연쇄라고 한다(그림 7). 먹이연쇄의 시초는 식물이며 말단에는 사자, 상어, 독수리, 인간 등의 최종 소비자가 있다. 그러나 이들 최종 소비자도 하이에나와 같은 부식동물腐食動物에게 먹히게 되거나 그렇지 않으면 환원자 인 미생물에 의해 결국 물질로 환원된다. 예외로 화장된 인간만은 인간의 손에 의해 환원된다고 본다. 먹이연쇄를 한 말로 설명은 가능하나 이들의 실태는 매우 복잡하다고 본다. 교과서에 제시된 그림들을 잘 보면 환경이 조금이라도 다르면 서식하는 동물도 다르다는 것을 알 수가 있다. 이들 사이에는 얽힌 먹이관계가 있다는 것을 알 수가 있다. 동물이 살아가는 곳이라면 지구상 어디에 든 이와 같은 먹이연쇄가 성립되어 있다고 본다.

해양에서는 규조류硅藻類를 주로 한 미세 조류藻類들이 주된 제1차 생산자이며 이를 식물성 플랑크톤으로 불리어지고 있다. 몸 크기는 2 마이크론에서 50～60 마이크론, 해수 1cc 속에서 적은 곳에서는 수백, 수천이나 된다. 이들은 태양광선이 미치는 해면 하의 한계 100 m의 곳에서도 생활한다. 이를 먹는 것이 동물성 플랑크톤(Zooplankton)인 것이다. 동물플랑크톤은 원생동물, 물벼룩, 태양충, 수서동물의 유생幼生이나 알 등의 총칭이다.

동물플랑크톤을 정어리와 같은 작은 물고기가 먹고 이를 광어와 같은 큰물고기가 먹게된다. 바다에서 먹이연쇄의 최후로 오는 것은 상어, 물개, 돌고래들이라고 본다. 고래 중에도 흰긴수염고래는 몸은 거대하나 먹이는 플랑크톤인 것이다. 이렇게 사이사이의 고리(사이클)가 빠진 최종 소비자들도 있다.

저변성底邊性 동물일수록 수가 많다

먹이연쇄에는 하나의 법칙이 있다. 그것은 수의 피라미드라고 하는 법칙으로 포식자 보다 먹히는 자 쪽이 반드시 그 수가 많다는(환원자 제외) 것이다. 오제가하라 습원(일본)의 경우 독수리나 매보다 족제비나 부엉이, 여우 쪽이 그 수가 많으며 이보다는 개구리, 뱀, 종달새, 두더지쪽이 수가 많다. 또 이보다는 잠자리, 거미, 지네와 같은 것이 더 많다는 식으로 저변으로 내려갈수록 그 수가 많아진다고 본다(그림 7).

먹이연쇄가 있다해도 반드시 모든 동물이 상위의 소비자에게 먹히는 것은 아니다. 잠자리는 모두 종달새에게 잡혀 먹히는 것은 아니며 또한 종달새가 모두 독수리에게 잡히는 것도 물론 아니다. 잠자리나 종달새에게도 제 수명을 다하는 것이 얼마든지 있다. 자연의 먹이연쇄라는 것은 대체로 그렇게 되지 않으면 먹이연쇄에서 하위의 동물들은 잡아먹혀서 멸종이 될 것이다.

자연은 원칙적으로 종의 존속에 필요한 개체 수 이상의 여분의 수만큼만 상위의 포식자에게 제공되도록 되어있다. 포식자가 그 이상으로 즉, 종의 존속에 관계되는 부분까지 손을 대기 시작한다면 이들 중 먹이로 하던 종은 멸종이 되며 자신도 아사餓死를 면하기 힘들다고 본다. 약간의 예외를 제하고 먹히는 놈은 먹는 놈보다 소형이라고 본다. 그러한 사실도 피식자의 수가 많아야 된다는 이유의 하나이다.

먹이연쇄의 에너지 흐름으로 볼 때 역시 피라미드 모양을 하고 있는 것을 알 수가 있다. 여기에 먹이연쇄에서 에너지 흐름을 단순히 모식화

그림 8 먹이연쇄의 에너지 흐름

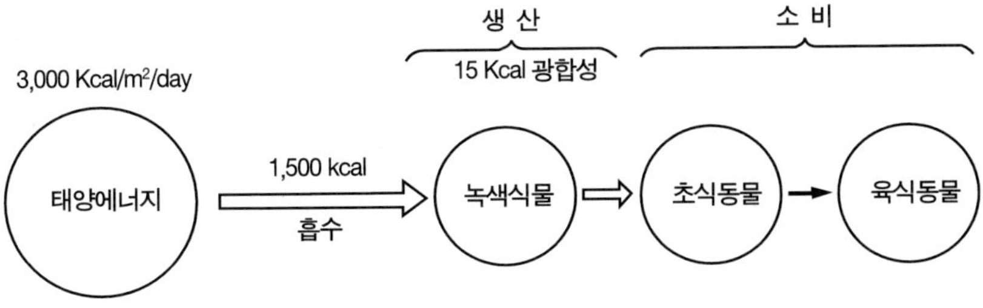

시킨 것을 소개한다(그림 8). 하루 1 ㎡ 당 3,000 kcal의 태양에너지가 내려 쪼인다고 하자. 이 중 식물에 의해 받아들여지는 것의 절반인 1, 500 kcal로 이중 광합성에 쓰여지는 것은 불과 1%인 15 kcal 만이 식물체에 고정이 된다. 이것이 초식동물에 먹히고 이는 다시 육식동물에 먹히는 사이에 에너지는 자꾸만 소실되게 된다. 그 이유는 각각의 동물은 먹이를 통해 얻어진 에너지의 대부분은 활동을 위해 소비되며 그만큼의 에너지는 열과 공간으로 발산하기 때문이다. 여기에다가 식물 모두가 초식동물에 먹히는 것은 아니며 초식동물은 모두 육식동물에게 먹히는 것도 아니라는 관계라고 본다.

이제까지 엄밀한 측정은 없어도 대체로 먹이연쇄를 한 단계 오르므로 10분의 1로 줄어든다고 추정하고 있다. 가령 어떤 사람이 어묵만을 먹어 그 결과 체중이 1 kg 늘었다고 하자. 그러기 위해 10 kg의 상어가 필요했을 것이다. 상어의 먹이로 돼 있던 중형 고등어가 100 kg, 고등어를 먹든 멸치로는 1톤, 멸치가 먹이로 한 동물플랑크톤은 10 톤, 동물플랑크톤이 먹이로 한 식물플랑크톤 단계로 보면 100 톤이라는 양이 필요하다는 것이 된다.

먹이연쇄의 정점에 있는 동물들은 놀랄 정도의 저변이 넓은 피라미드(Pyramid)에 의해 지탱되고 있다는 것을 이를 통해 알 수가 있을 것이다. 이는 상위 포식자의 수가 적어야 할 또 하나의 이유라고 본다.

만일 어묵을 주식으로 하는 체중 50 kg의 사람이라면 이들 몸을 식물성플랑크톤으로 환산한다면 그 양이 5,000 톤이라는 계산이 된다. 만일 체중 100 kg의 동물이 있다면 그 동물 한 마리를 위해 식물플랑크톤은 50만 톤이 필요하다. 이들의 동물이 주식으로 하는 동물이 있다고 한다면 …식으로 생각해 보면 바로 알게 되듯이 먹이연쇄는 길게는 지속이 되지 않는다. 아무리 길어도 5단계는 넘지 못한다.

“가난한 자가 보리 먹기” 는 옳은가?

인간이 먹이연쇄의 상위에 있으면서 이렇게 개체수가 많은 것은 대부분이 1차 소비자로 머물러 있기 때문이다. 만일 사람이 순 육식자라고 한다면 현재의 10분의 1의 인구로 유지돼야 했을 것이다.

육류의 권장 값이 중량비重量比로 볼 때 곡물 · 야채보다 10배나 비싼 것도 먹이연쇄 상 당연하다고 본다. “가난한 사람은 보리를 먹어라”라고 한 일본 정치인은 정치적인 배경을 배제한 발언이라고 한다면 명언이라고 할지 모른다.

고래고기가 다랑어 보다 싼 것은 다랑어는 3차 소비자인데 비해 고래(흰수염긴고래)는 2차 소비자이기 때문이다. 고래는 성장기에 하루 40kg 정도로 커 간다고 한다. 그러기 위해 3톤 정도씩 쿠릴을 먹고 살아간다. 전성기에는 남극해에서 50만 마리의 흰수염고래가 살았으나 그 사이에 반년 동안 3억 톤의 쿠릴이 고래의 먹이로 되어 있었다고 본다. 그럼에도 쿠릴은 절멸되지 않았다. 남빙양에는 15억 톤의 쿠릴, 수로 말하면 1,100조 마리의 쿠릴이 있어 먹히는 즉시 번식이 되어 온 것이다. 고래도 흑고래가 되면 다소 다르다고 본다. 흑고래의 한번 식사는 청어 5,000 마리라고 본다. 한번의 청어는 약 7,000 마리의 동물 플랑크톤(Copepoda)를 먹으므로 이들 식사는 물벼룩(Copepoda) 3,500만 마리에 해당된다. 한 마리의 물벼룩은 13만 개의 식물플랑크톤을 먹음으로서, 흑고래의 그것으로 환산한다면 4조5,500억의 식물플랑크톤이 된다. 이것이 바로 흑고래의 1회 식사량으로 볼 수 있다.

인간이나 다른 동물에서나 이들 생체를 유지하는 에너지의 근원을 추적해 먹이연쇄를 찾아가면 최종적으로는 식물에 도달하게 된다. 무기물을 동물이 섭취하게 할 수 있는 모양으로 변화시켜 나가는 것은 식물만이라고 본다. 인간이 식물을 소중히 해야 할 이유도 바로 여기에 있다고 본다.

"가난뱅이의 자식 풍년"

먹이연쇄의 하부로 이어질수록 하나의 종이 많아지는 것은 동시에 번식률이 높다는 것을 의미하고 있다. 플랑크톤의 종류들은 세포분열에 의해 증식하며 하나의 세포가 25회 분열하는 것만으로 3,300만 개가 될 수가 있다. 한 포기의 마법초는 50만 개의 씨를 여물게 한다. 이들은 바람타고 어디에나 운반이 되며 20년간이나 종자로 살아간다고 한다.

정어리 한 마리는 한번에 2만~10만 개의 알을 낳는다. 알에서 갓 나온 유생들은 동물플랑크톤으로 간주된다. 즉, 물고기의 먹이로 출발된다. 자기 동족을 포함한 여러 어종에게 자꾸만 먹혀서 살아남은 놈만이 성장한다. 체장 2 cm 정도의 장어는 그 유생이 되었을 때에는 태어날 때의 1,000분의 1정도로 그 수가 감소된다. 이들이 자라나면서 이번에는 자신이 플랑크톤을 먹는 소비자가 되는 한편, 보다 큰 고기의 먹이로 되는 것이다. 일본 연안에서 알에서 깨어난 정어리는 연간 약 10억 마리는 된다고 본다. 이는 1년 후가 되면 체장은 15 cm로 성장이 가능하나 이때 겨우 100만 마리, 2년 말경에는 1만 마리, 정어리 수명은 7~8년으로 수명을 다하는 것은 손으로 헤아릴 정도의 수라고 한다.

이들은 난생에서 태생으로 바꾸어지면 출산되는 새끼 수가 급격히 줄어드는 것이다. 고양이는 한 배에 3~4마리, 원숭이나 사람은 보통 아기 하나를 낳게 된다. 고양이는 1년에 네 번 출산하며 7~8년은 생산이 가능하므로 일생 동안 80마리는 족히 낳는다고 본다. 이에 대해 원숭이는 일생동안 10마리, 사람은 선진국에서 2~3명 정도이다.

"가난한 자의 자식 부자"는 생물계 전체에 통용되는 진리이다. "가난한 자 자식 부자"인 까닭에 상위 포식자는 식사에 관여할 수가 있다. 이와 역으로 만일 상위 포식자가 없으면 하위의 먹을거리 쪽에도 난처한 일이 생기게 된다. 번식력은 눈 가득히 보일 정도로 늘어나 결국 그들 자신의 먹이를 먹어치워 함께 쓰러져 망하게 된다.

먹이연쇄를 파괴한다면

먹이연쇄는 자연이 오랜 시간 동안 만들어 낸 교묘한 기구라고 하겠다. 이는 각각의 토지에서 독특한 구조를 갖고 있다. 여기에 지각없이 인위적으로 손을 가하면 엉뚱한 일이 일어난다.

예를 들면 호주에서는 모피와 고기를 얻기 위해 유럽의 들토끼를 수입 방사한 적이 있다. 그런데 유럽에서는 들토끼는 그 고장 토지의 먹이연쇄에 자리잡고 포식자에 잡아 먹혀 적정 개체 수를 유지 해 왔으나 호주에서는 포식자의 견제가 느슨해져 자꾸만 수가 늘어나 목초지를 사막과 같은 모습으로 변모시켰다고 한다.

그런데 이번에는 들토끼 퇴치가 문제가 돼 결국 비루스성 병을 전파시키는 것으로 한 때는 번식을 억제하는데 성공했으나 최근에 와서 이 질병에 저항력을 갖은 토끼가 출현되어 아직도 근본적인 해결은 요원하다고 한다.

한편 아르헨티나에서는 모피를 얻기 위해 누도리아라는 소동물을 수입해 사육을 시작했다. 그런데 소수가 야외로 탈주해 쥐늘기식 산수로 늘어나 이들은 구멍을 뚫은 습성이 있어 댐과 터널을 파괴하는 등 피해를 입히고 있다는 것이다.

베네수엘라에서는 물옥잠 식물과 같은 종류의 꽃피는 수생식물이 있다. 이것이 1884년 미국 뉴올리언스에서 개최된 목화박람회 때 관람용으로 출품됐다. 이를 관광객들은 아름답다고 갖고 돌아가 아프리카 콩고강과 미국 루이지에나에 불과 몇 포기씩 옮겨 심어졌다. 그러한 이 물옥잠은 한 포기가 50일 마다 1,000개 씩의 새 개체로 번식돼 강한 번식력을 보였다. 이들은 순식간에 강 전체로 퍼지고 결국 강기슭 모두를 매워 배들이 운행 불가능한 상태로 되게 했다고 한다.

외래종 동식물이 종종 이렇게 큰 번식을 하는 것은 그 토지의 먹이연쇄 속에 같이 결속되지 못한 까닭이라고 본다. 미국산 흰불나방의 대 발생(이상발생)은 기억에 생생하다. 이들이 발생하던 수년 간 천적인 새나 꿀벌, 거미 등이 적은 지방에서는 특히 맹위를 떨친 것이다. 아마도 가로수를 휩쓴 그 피해 정도는 전국 도처에서 볼 수가 있었다. 당시 한 그루의 벚나무에 흰불나방 40마리, 하나의 집 속에 알은 600여 개, 즉 2만4,000개의 알이 살고 있었다고 한다. 세계 각 나라에서 동식물 수입 시 동식물의 검역檢疫이 얼마나 중요한지, 새삼 경각심을 일으키고 있다.

중국의 참새 퇴치 운동

외래종의 대발생大發生은 먹이연쇄 속에 함께하지 못해 일어나는 경우이나 역으로 연쇄(고리) 속의 하나가 상실되므로 일어나는데, 영국 남동부의 사과나무 단지에서 1922년 패각충의 방제를 위해 기름을 사용한 적이 있다. 그런데 유류에 의해 패각충만이 아니라 꽃등애, 무당벌레 종류들까지 죽여버렸다. 그 결과 이제까지 꽃등애, 무당벌레의 먹이로 돼 있던 사과잎 진드기가 크게 발생돼 오히려 난처해진 적이 있다고 한다.

이와 유사한 현상이 농약의 사용으로 세계 도처에서 일어나고 있다. 중국에서는 한때 거국적으로 참새 퇴치를 강행한 적이 있다. 전국에서 일제히 북과 꽹과리를 울리며 심지어 사이렌까지 울리며 참새를 위협해 공중으로 날려보내고 힘을 다해 땅에 떨어지지 못 하도록 하는 전법이라고 본다. 생각해 보면 원시적이고 인해전술과도 같으나 당시의 중국에서 식량난 해결을 위한 나라의 명령이며 국민적 운동이고 보니 어느 정도의 성과를 올린 것이다. 그 결과 참새에 의해 먹힌 곡물보다 더 많은 곡물은 참새의 위협을 피하게 된 해충에 의해 빼앗기게 된 것이다. 그로부터 수 년간 중국의 농업 생산이 급락한 원인의 하나는 이들 참새퇴치에 있었다고 한다.

먹이연쇄는 생태계에서 가장 중요한 한 사이클이다. 이를 일단 훼손한다면 생태계 전체가 혼란해지고 안정을 되찾는 데에는 많은 시간이 걸린다고 본다. 농약공해에 대한 인식으로부터 천적 농업으로라는 목소리가 높아지고 있다. 이 또한 칼의 양날이라고나 할까. 이들 천적天敵이 자연의 먹이연쇄 속에 적절히 들어와 주지 않으면 천적의 천적이 또 필요하게 된다는 사태마저 있을 것이다.

산업의 먹이연쇄와 시스템 산업

먹이연쇄와 같은 구조는 인간사회에서도 찾아볼 수가 있다.

예를 들어 산업계가 그러하다. 제철회사가 생산한 철강을 사용해 건설회사가 빌딩을 만들고, 전기회사가 전기제품을 만들고, 조선회사는 배를 만든다. 석유화학 공업에서 만드는 나프타, 에칠렌에서는 약품 화학섬유, 염료, 플라스틱을, 합성고무에서는 타이어를 만들게 된다. 타이어를 사용해 자동차가 조립이 된다. 플라스틱은 가구, 식기류로, 건축 자재로는 거의 대부분 제조업의 원재료가 된다.

이런 식으로 어떤 업종의 제품은 다음 업종의 원료가 된다는 식으로 산업계에 있어서 원료 자재의 연쇄連鎖는 차례 차례로 그물눈처럼 넓혀져 간다. 이러한 연결 방식은 자연계에 있어서 먹이연쇄라는 복잡성과 유사하다고 본다. 이를 분석하고자 한 것이 레온체프의 산업 연관 분석과 다를 바가 없다.

원료 · 자재 연쇄는 먹이연쇄와 같은 구조를 갖고 있으나 그 특성도 같다고 볼 수가 있을지? 예를 들어 “수의 피라미드”, “에너지의 피라미드”가 구성되어 있을지?

일견 그렇지 않을 것으로 보인다. 매상고나 종업원의 수 등, 반드시 기간산업基幹産業이라고 해서 기업 규모가 크다고 말할 수는 없다. 그렇지만 관점을 약간 돌려본다면 거기에는 역시 같은 관계가 성립돼 있다. 자재의 퍼센트는 금액이 아니며 중량으로 표시해본다. 그렇다면 반드시 어떠한 산업이던 원 자료의 중량보다는 제품의 중량 쪽이 가벼우며 “수의 피라미드”가 성립되어 있는 것을 알 수가 있다. 그리하여 먹이연쇄의 피라미드에서 상위에 위치한 동물일수록 고급인 것과 같이 이 산업의 피라미드에서도 상위에 있는 쪽이 보다 가공도가 높으며 그만큼 고급이다. 이들 최상위에는 단일품의 제품을 조립하는 즉, 시스템산업이 오게 된다.

곡물보다 육류 값이 높은 것과 같이 에틸렌 값보다 플라스틱으로 만든 가구 쪽이 값이 더 높다. 시스템산업에서도 조립하는 부품의 수가 많을수록 고급이다.

공업제품의 부품수를 생각해 본다면 미싱은 100개, 텔레비전, 공작기계가 되면 1,000개, 자동차는 1만개, 제트기는 10만개, 우주 로켓은 1,000만개로 부품수가 늘어나게 된다고 한다. 이보다 큰 것으로 컴퓨터의 이용교육 시스템에는 1,000만개의 부품이 필요하며 주택, 운수, 소방, 경찰을 포함하는 도시 시스템라면 억 이라는 단위의 부품이 필요할 것이다.

시스템 엔지니어의 번식률繁殖率은 낮다?

상업계의 제품 연쇄에 있어서도 상위자는 하위자의 존재를 위협해서는 안 된다. 제일 밑에 있는 것이 무너지면 상부 전체가 무너지게 된다. 철강업이 기간 산업이라고 하는 것은 이러한 의미에 근거한다. 같은 이유에 따라 어느 메이커 하청의 부품 메이커를 극도로 조이고 있으나 그렇다고 도산의 지경에까지는 추궁하지는 않는다.

"유사"라는 것은 반드시 전면적으로 성립되는 것은 아니라고 본다. 먹이연쇄의 하위 쪽이 몸이 작다는 것은 산업계에서는 성립이 안 된다. 철강업은 어느 것이든 매머드 산업이다. 하위의 것이 번식률이 크다고 보는 것도 그대로는 성립이 되지는 않는다. 단지 견해의 약간 차로 다른 면에서 비슷한 현상이 있다.

철강업에서이나 석유화학 공업에서 든 그곳에서 진행되는 일들은 지극히 단순하며 더욱이 현장의 작업 비중이 크다고는 하겠다. 여기에 대해 상위의 산업에 있어서는 보다 고급기술 노동자를 필요로 하고 있다. 따라서 노동 예비 인력의 존재량으로 비교한다면 먹이연쇄에 있어서 번식률과 비슷한 현상이 보이게 된다. 즉, 육체 노동자보다 시스템엔지니어의 번식률이 낮다는 말과 같이 이야기 할 수가 있지 않을까 한다.

이 이외에도 먹이연쇄와 비슷한 구조는 먹고 먹히는 관계 대신 착취와 비착취의 계급 관계, 지배와 피지배의 권력구조에서도 보게된다. 수의 피라미드가 성립되는 것, 번식률의 차이, 하부의 존재 쪽으로 기울어져 있는 것 등은 설명할 필요도 없으리라고 본다.

4

문명과 자연은 조화가 가능한가?

에너지 수지의 위기

인류사의 3단계

이제까지 언급된 것과 같이 다양한 물질순환, 생물간의 먹이연쇄, 그리고 이를 이어주는 에너지의 흐름 등 이런것이 일체가 되어 얽혀있는 것이 생태계라고 하겠다. 그리고 자연이 살아있다는 것은 생태계가 원활하게 작동하고 있다는 것이다.

공해公害 발생은 생태계가 적절히 작용하지 못하게 된 것을 의미한다. 어떤 질병이 인체 시스템의 동작으로 제대로 안 될 경우라고 한다면 공해는 자연의 병이라고 보면 된다. 이들의 병원균은 바로 인간이라는 것으로 할 수가 있을지 모른다. 이들 병원균을 배제한다면 병은 치유된다고 할 수 있으나 우리 인간으로서는 이러한 방책에는 찬동하기 힘들다고 본다. 그렇다면 어떻게 해야 좋을까?

그것은 인간과 자연사이에 겹치게 할 필요가 있다고 본다. 어떻게 하면 겹치게 할 수가 있을까? 이를 우선 생각해 보자.

인류사를 자연과의 관계로 보아 세 가지로 나눌 수가 있다. 우선 최초의 인류는 자연의 생태계 속에 완전히 달라붙어 있던 시대, 즉 타 동물과 같이 자연의 물질순환, 에너지 회로의 일부에 불과했던 시대이다. 이는 인간이 농경과 목축을 깨달은 시기를 기해 끝난 것이다.

농경과 목축은 대체로 1만 년 전에 시작이 됐다. 생태계의 일부를 인간들이 자신들에게 알맞게 적절히 바꾸었다고 본다. 이에 의해 인구는 대폭 증가할 수 있게 된 것이다. 당시 500만의 인구가 8,600만으로 불어났다. 산업혁명까지 지속된 이 시대의 특징은 인공시스템이 생태계의 안쪽으로 완전히 파고 들어간 것이다. 즉, 이 시대에 인류 활동의 대부분은 먹이를 얻는 것이 목적으로 돼있었다. 인간의 식량은 최종적으로는 자연의 생산력에 의해 이뤄져나갔다. 인간은 어떠한 일을 해도 육체의 구조를 생리적으로 개변하지 않는 한 자연의 먹이 연쇄에서 피할 수가 없다. 먹이획득 행동이 생태계의 밖으로 나올 수가 없는 것이 당연한 것이라면 당연한 것이다. 식량 생산에 관여하지 않는 도시 주민도 다소 있다고 할 수 있으나 이는 인류 전체로 볼 때 지극히 일부에 불과하다고 본다.

오늘날 이 시대의 인류 활동을 보증하고 있던 에너지는 거의 대부분이 동시대의 자연이 공급해주는 것이었다. 이들의 동력은 인력과 가축력家畜力이며 필요로 하는 것은 화력은 신탄薪炭이 주된 공급원이며 석탄의 이용량은 별것이 아니라고 본다.

산업혁명과 동시에 제3의 시대가 시작되고 이는 지금까지 이어지고 있다. 이 시대의 새로움이라면 인간이 동력기관을 발명한 것이라고 본다. 이제까지 불은 난방, 조정, 야금冶金, 조명 등에만 쓰여져 왔으나 동력기관에 의해 불이 힘으로 변환된 것이다. 이러한 힘을 이용하여 인류 활동의 범위는 먹이획득을 직접적인 목적으로 하지 않는 분야로 넓혀 가기 시작했다. 동력기관에 에너지를 공급하기 위해서 화석 연료를 대대적으로 파내기 시작한 것이다. 1880년을 경계로 에너지원으로 신탄과 석탄의 지위가 역전되고 있다.

이것이 의미하는 것은 크다고 본다. 즉 인공시스템의 유지에 동시대의 자연이 공급하는 에너지만으로는 나갈 수가 없다는 것을 의미하고 있다. 화석 연료는 지난날의 자연이 축적해준 에너지의 예금과 같은 것이다. 이를 파내서 쓴다는 것은 에너지 수지면에서는 "적자 경제"를 의미하는 것이 된다.

자연의 "저축"이 없어질 때

적자라는 것은 언제까지라도 지속되는 것은 아니다. 화석연료化石燃料가 탕진되기까지의 기간에 관해서 여러 설이 있으나 아무리 낙관적인 계산이라 해도 앞으로 100년은 더 견디기 힘들다고 한다. 그 때까지 원자력 에너지로 잘 바꾸지 않으면 이 거대한 인공 시스템은 뿌리부터 뒤집히는 비극에 직면할 줄 안다.

요는 에너지라는 면에만 있는 것이 아니라 생태계 내의 물질순환이 교란되고 인간을 포함한 생물의 존재에 필요한 환경이 파괴돼 나간다는 것은 이미 언급한 대로이다. 이것은 인공 시스템이 생태계의 서브시스템 이상으로 됐다는 것을 의미한다.

자연의 겹친다라는 것은 인공시스템을 생태계에서 서브시스템의 하나로 되돌려주는 것을 의미한다. 그러기 위해 어떻게 해야 하는가?

일찍이 루소가 "자연으로 되돌아가라"라고 부르짖은 것은 현실성이 없다. 예를 들어, 이 시점에서 문명을 부정했다고 해보자. 그렇다면 인류의 3분의 1은 아마도 3개월 이내에 죽어야 될 것이다. 문명에 의한 운반수단이 없어지므로 식량의 공급이 중단된 인간의 수만으로도 그만큼 될 것이다. 그러므로 사망자는 시시각각으로 늘어나게 될 것이다. 상당한 수의 사람들이 문명이 만들어낸 인공적인 환경에 이미 생리적인 적응이 되어 있으므로 이러한 빈약한 체질이 거칠은 자연 환경에 견디어내기 힘들 것이기 때문이다. 또 다시 1년 후에는 세계적인 흉작이 일어난다. 농약, 비료, 농기구 없이 농업은 지탱해 나갈 수가 없는 것이다.

이는 탁상공론이 아니다. 만일 화석연료 에너지를 탕진한 후 새롭게 충분한 에너지원이 확보된다면 바로 현실화되는 것이다.

이미 우리들은 문명없이 살아갈 수 없을 정도로 문명에 익숙하게 되고 길들여진 동물이다. 문명과 인류는 곧 일연 탁생一蓮托生의 관계에 있다. 문명에 무엇인가 노력해 자연과 병행하면서 존속이 되지 않으면 곤란하게 될 것이다.

인공시스템의 효율화를 위해

● 생물기능에 따르지 못하는 근대기기

자연이 문명에 대해 거부반응을 보인 원인에는 두 가지가 있다. 그 하나는 에너지를 지나치게 먹어치우는 일이며 또 하나는 시스템의 구조적인 불비라고 본다. 이 두 가지 점을 개선하지 않는 한 자연과의 공존은 힘들며 인류는 자멸할 뿐이다.

그 첫 번째는 인간의 사회생활 전반에 걸쳐 저 에너지 시스템을 개발할 필요가 있다. 이제까지 에너지 소비량이 문명화, 경제발전 척도의 하나로써 쓰여져 왔으나 그 생각을 바꾸어야 할 것이다.

인공 시스템 유지에 높은 에너지가 필요하게 되는 것은 효율이 나쁜 데 그 원인이 있다. 대체로 인간이 만들어낸 것은 무슨 이유이던 간에 자연계에 그 모델이 있다고 본다. 비행기는 새, 배는 물고기, 자동차는 말, 컴퓨터는 두뇌, 조명은 태양 광선 ……등 이런식으로 얼마든지 있다.

이들 어느 것이나 자연에 있는 것과 비교하면 매우 성능이 나쁘다고 본다. 그 예로 컴퓨터를 수 천대를 연결한다면 아마도 가스미가세기 빌딩 크기만한 컴퓨터가 필요하게 될지 모른다. 이들의 소비전력은 상상외로 크다고 보나 이와 비슷한 작업을 하는 인간의 두뇌는 불과 10와트의 전구를 비칠 정도의 에너지의 소비로 해치운다는 것이 된다. 더욱이 그 것은 생식生殖에 의한 인간 한 사람이 재생산 할 때마다 이에 따라 확실히 한 개씩 만 재생산이 되는 것이다.

돌고래는 시속 약 35노트 헤엄을 칠 수가 있다. 여기에 대해 최고속의 잠수함은 40노트로 조금은 빠르다. 그러나 돌고래가 유영하는 데는 에너지를 별로 쓰지 않으면서 살아가는데 잠수함은 3만 마력의 엔진을 달아야 한다. 이 차이가 나타나는 것은 돌고래가 헤엄을 칠 때 몸 표면에 물의 마찰이 적도록 물이 부드럽게 흐르는데 비해 배는 선체에 난류亂流가 생겨 이들 저항력이 배의 속도가 빠를수록 커져가기 때문이다. 돌고래의 체표면에 난류亂流가 생기지 않는 것은 돌고래의 피부가 얇으며 탄력이 있는 외층 피부와 두텁고 다공성多孔性의 내층의 두 층으로 돼있어 난류의 근원이 되는 원인인 수압의 변화가 피부에 따라 흡수되기 때문이라는 이야기이다.

월남전에서 미군은 밤에도 적을 식별하는 적외선 검출장치를 사용하고 있으나 이와 같은 것을 방울뱀도 갖고 있었다. 방울뱀은 이 장치를 코와 눈 사이의 홈이 난 곳에 가지고 있으며 1도의 1,000분의 1의 온도변화를 식별할 수가 있다고 한다. 사람의 피부는 온도에 가장 민감한 부분에서 1도당 10분의 1만 느낀다. 인공의 장치는 감도만을 비교한다면 방울뱀보다 고성능이라고 할지 몰라도 크기가 100배나 되며 지향성指向性이 나쁘다고 볼 수 있다. 레이더에 비유해도 인간이 만든 분별없는 크기보다 박쥐들이 지니고 있는 초음파超音波레이더 쪽이 소형이며 성능이 좋다고 본다.

그 무엇이건 인간이 만드는 것은 성능의 불량을 보충하기 위해 분별없이 크게만 만들고 이를 작동시키기 위해 불필요한 에너지를 소비하게 된다.

최근 바이오닉스라는 새로운 학문이 각광받기 시작했다. 이를 생물공학生物工學이라고도 한다. 요는 생물을 더욱 기술적으로 잘 본받아 더욱 효율이 좋은 시스템을 만들어 보자는 학문이다. 바이오닉스의 발전 여하에 따라 우리들의 문명을 유지하는 데에 필요한 에너지를 지금의 수분의 일로 줄이며 살아갈 수 있을지 모른다.

의식없이 흘러버리는 경제

인공시스템의 또 하나의 결점은 낭비가 많다는 것이다. 어떠한 공업생산 과정을 보아도 현 재료가 100% 이용되는 것은 없다. 공장 하나, 하나에서 심하다 할 정도의 폐기물이 나오고 있다. 공장의 관리자는 항상 어떻게 합리적으로 쉽게 제품을 만드는 점에 대해서 신경을 쓰면서 폐기물에 관해서는 무관심하다고 본다. 폐기물은 어디까지나 낭비라고 보며 버리는 것에 불과하다. 재생 활용은 별로 생각하지 않는다. 만의 하나 이를 팔아서 처분이 가능하다면 어려운 소득 정도로 생각, 수익으로 잡을 뿐이다. 이는 하나, 하나의 공장이 이들 내부에서의 합리성만을 추구해 설계돼있기 때문이다. 각각의 공장에서 나온 제품의 행방은 아담 스미스가 주장한 "보이지 않는 손"에 의해 수납돼야 할 곳에 수납되는 데 기대한 것에 불과하다. "보이지 않는 손"이란 무수한 사람들, 무수한 기업, 이들이 지니는 무수한 욕심이라는 생태학적인 상호작용과 다를 바 없다.

경제의 규모가 작을 때에는 문명 이전의 생태계와 같이 "보이지 않는 손"이 경제계를 적절히 균형을 유지하며 경영해 나갔다. 산업사회 이전에는 비록 기근은 있었어도 공황恐慌은 없었다. 지금의 대량 생산, 대량 소비 사회에서는 하나의 기업으로서는 상상이 안될 정도의 제품이 마구 쏟아져 나온다. "보이지 않는 손(invisible hand)"은 이를 비교적 효과적으로 처리는 하고 있으나 때로는 계산착오로 불황이 일어나 체화滯貨가 될 경우가 있다.

생태계生態系가 파괴될 때 이를 보호, 관리할 필요가 있는 것과 같이 경제도 관리해 나가는 것이 필요하다는 발상이 사회주의 경제를 탄생시켰다고 본다. 그러나 사회주의를 이끌어 가는 "보이는 손(visible hand)"은 "보이지않는 손"보다 더 좋은 것이 아니라는 점은 사회주의 국가가 자본주의 국가와 비교해, 그리 경제적으로 성공했다고 말할 수가 없다는 것으로 알 수가 있을 것이다.

"보이지 않는 손"의 본질은 욕심의 자연생태계적인 균형이라고 본다. 욕망의 자연생태계적인 균형이 반드시 물질 이동의 생태계적인 균형에 연결되지 않는다는 것을 자유 방임의 고전적 자본주의 경제에게 종지부를 찍게된 것이다. 이에 대해 사회주의 "보이는 손"은 전적으로 물질 이동의 생태계 만들기에 전념해 경제 활동의 동기라고 할 수 있는 욕망의 역할을 경솔하게 취급한 결과 실패하고 있다. 현재 쌍방의 과오를 사회주의 경제의 이윤 정책의 도입, 자본주의 경제의 계획화라는 형태로 시정이 돼가고 있다. 석유화학 콤비나트, 식품 콤비나트 등은 그 내부에서는 최대한으로 낭비를 배제하고 만들어진 기업간 물질 이동의 생태계라고 본다. 그러면서 콤비나트 전체를 하나의 단위로 본다면 이들 외부의 경제환경에 대해서는 반드시 생태학적인 균형이 잘 짜여 있다고 할 수는 없다.

낭비없는 자연시스템

인간의 경제활동에 있어서 도처에 낭비요소와 부자유스러운 것이 노출되어 있다. 그러나 자연의 생태계에 있어서 무용의 것은 아무것도 없다. 모두가 활용이 된다. 그러면서 또한 효율있게 활용되고 있다.

인燐의 이용에 대해 예로 들어본다면 우선 자연계에서 인의 순환은 박테리아에서 인간에 이르기까지 모든 생물이 에너지의 "유통화폐"로서 인 화합물인 ATP를 이용하고 있다는 것을 언급했다. ATP는 어느 정도의 에너지를 배출하는지 보면 대체로 1 kg에서 14 kcal이나 된다. 그렇다면 성인 남자의 일일 필요 열량은 2,800 kcal라고 보며 이를 배출하기 위해서는 200 kg의 ATP가 필요하다는 계산이 된다. 사실은 인간은 그만큼의 ATP를 소비한다고 본다.

거짓말같이 느껴질지 모르나 인간이 배부르게 먹는다 해도 어떻게 배속에 가득히 하루 200 kg 이상을 취할 수는 없다고 본다. 체중의 3배 이상의 ATP를 인간은 어디에서 얻을 것인가? 그 비밀은 ATP를 써버리고 남은 것은 아니라고 본다. ATP가 분해돼 에너지를 내보내면 ADP(아데노신 2 인산)이라는 물질로 바뀐다. ADP는 먹이로부터 에너지를 받아서 또 한번 ATP로 바꾼다. ATP → ADP → ATP라는 사이클에 의해 에너지의 배터리가 구성돼 있는 것이다.

그림 9 TCA 사이클 (Tricarboxylic acid cycle)

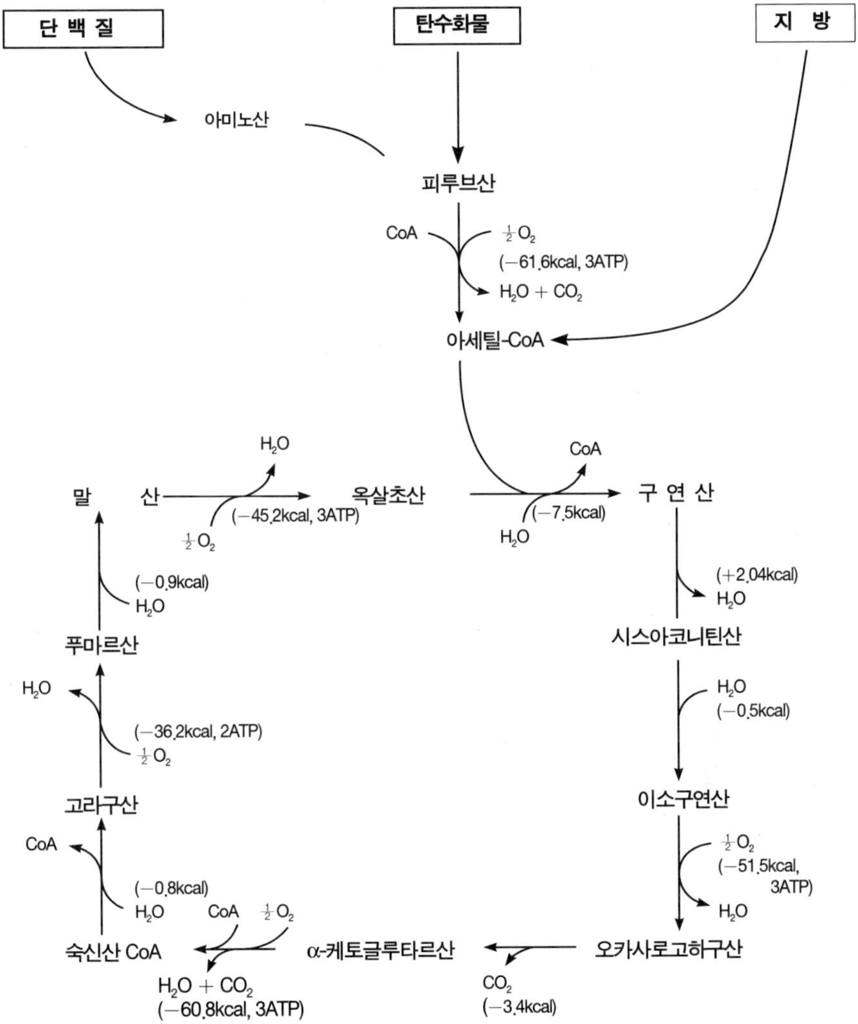

(자료) 『물질 · 생명 · 우주 II』 (고다니 · 히야시 · 유가와 외)

이러한 사이클에 두 개의 사이클이 접촉이 돼있다. 먹이 에너지가 ATP를 합성할 때 모든 먹이는 일단 아세틸-CoA라는 물질로 변화하고 이것이 TCA 사이클인 것이다(그림 9). 이 사이클 위에서 아세틸-CoA는 호흡에서 받아들인 산소로 서서히 산화시켜 나가는 것이다. 이렇게 번거로운 순서를 거쳐서 ATP가 합성된다는 것은 낭비를 최대한 줄이기 위한 것이 된다.

에너지는 어떻게 잘 쓰던지 반드시 낭비가 생긴다는 성질이 있다. 이러한 낭비가 생길 때마다 이용 방법이 느릴수록 적게 든다는 것이다. 같은 우라늄의 핵분열 에너지라도 일거에 폭발시켜 원자폭탄으로 이용하는 것과 이를 천천히 반응시켜 원자발전에 이용하는 것을 생각해 보면 바로 알 수가 있다.

각설탕 세개 속에 500 g의 물을 비등시킬 수 있을 만한 에너지가 들어있다. 이 각설탕에 불을 붙여보면 500 g의 물을 비등시킬 수는 없다. 이는 에너지가 크기 때문이다. 그러나 인간의 체내에서 각설탕을 분해시켜 ATP에 편승하면 이는 대부분 허비되는 것 없이 ATP 합성에 쓰여진다. 이 효율적인 에너지 이용이 가능하기에 인간은 하루에 불과 세끼의 식사로도 인체라는 정교한 기계를 유지, 작동시킬 수가 있는 것이다.

자연은 토털시스템(전체 시스템)으로 파악하는 생태계 생태학生態系 生態學에서 우리가 배워야 할 것은 이제까지 언급한 것에서 보았듯이 인간활동 전체를 자연의 서브시스템으로부터 기능을 다하도록 재조정 해주는 것이라고 본다. 이제까지 인간은 자연의 포용력包容力을 가볍게 보며 멋대로 다뤄온 것이다. 그러나 자연의 포용력包容力에도 한계가 있다는 것은 바로 전 지구를 덮고 있는 대기 오염, 물의 오염으로 분명해지고 있다. 환경문제의 재조정에 대한 성공 여부는 우리들 인류 전체의 생존에 이어지는 문제인 것이다.

Ⅱ

생태학은 무엇을 가르치는가

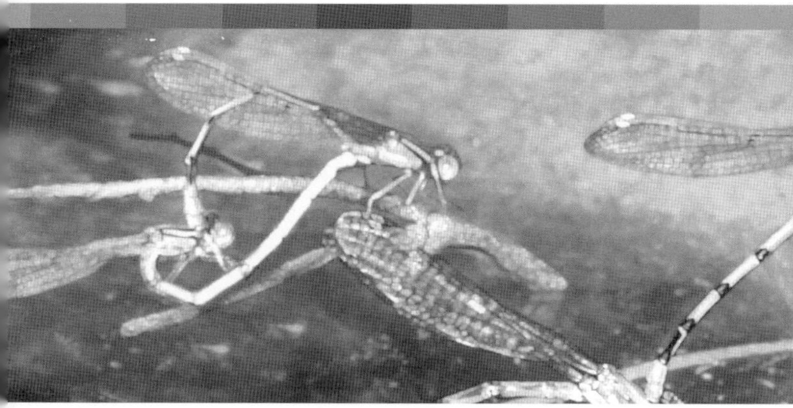

5

시스템의 생태학

가장 취약한 사이클이 전체를 지배

리비히(Liebig)의 최소율 법칙

생태학의 가르침에 대한 지혜를 좀 구체적으로 보기로 하자. 이들의 하나 하나는 서로가 맥락은 없다. 왜 그런지 근거를 세워서 설명한다는 것은 매우 힘들다고 본다. 그러나 그것은 사실이고 진리이다. 지혜라는 것은 그런 것이다. 어차피 보다 많은 사실이 모여서 보다 깊은 통찰이 가해졌을 때, 또는 이들 지혜는 지식의 일부에 파고 들어가 혹시나 그릇된 관찰에 근거한다고 내버려지게 될 것인지도 모른다.

그리고 또한 이들 사실이 가르쳐주는 지혜는 어디까지나 일반화시켜 좋을지를 정하기도 힘들다고 본다. 그러나 적어도 이들 지혜는 시행착오 값어치 정도의 가치는 있다고 본다. 이상을 염두에 두고 이하를 읽어주기 바란다.

식물의 생육과 양분의 관계에 관해 리비히의 최소율 법칙이라는 것이 있다. 식물의 생육에는 탄소, 수소, 산소, 질소, 유황, 인, 칼륨, 마그네슘, 칼슘, 철의 10개 원소는 불가결의 원소라고 한다. 그리고 이들 중 특히 부족하기 쉬운 질소, 인산, 칼륨 3원소는 비료의 3원소라고 한다. 리비히의 최소율의 법칙은 이들 필수원소 중 그 장소에 있는 가장 적은 량의 필수원소가 이들 식물의 생육을 좌우한다고 한다. 가령 마그네슘이 어느 일정한 필요량 이하이면 다른 9개 종류의 필수원소가 아무리 많다해도 식물은 성장이 안 된다는 것이다.

어떤 운동경기의 3인조 육상에서 두 사람은 선두 1, 2위라고 해도 최하위를 달리는 사람이 한 사람 있으면 순위 결정은 그 사람에 의해 결정된다는 식이다. Liebig의 최소율의 법칙은 이러한 레이스의 규칙과 같은 것이다.

Odum교수는 모든 생물군집에 관해 리비히의법칙을 확대해 적용시킬 수가 있다고 말하고 있다. 생물의 생육에는 필요 불가결의 조건이 몇 가지 있다. 크게 나눈다면 에너지의 흐름, 물질순환, 온도와 같은 환경조건, 같은 종류의 생물의 상호관계의 네 개가 그것이 된다. 이들 조건들 중 어느 하나라도 결여되면 생물은 살아갈 수가 없다. 물론 인간도 예외는 아니라고 본다.

분간하기 어려운 불가결의 요인

리비히의 최소율 법칙은 생물에 관해서만 적용되는 것이 아니라 더욱 폭넓게 응용하여 생각할 수 있다. 모든 현상에 있어서 이들 현상을 가져오는 불가결의 인자가 복수로 존재한다면 반드시 리비히의법칙이 성립된다.

예를 들어, 모닥불을 피우는데 불이 붙지 않는다고 하자. 왜 불이 붙지 않는지를 알기 위해 세 가지 조건을 체크하면 된다. 연료가 있는지, 산소가 있는지, 연료가 발화점 이상으로 가열 돼 있는지. 연소에 불가결한 인자는 이 세 가지라고 본다. 이에 따라 나무가 습하다면 성냥불만 갖고는 발화점 이상으로 가열이 안된다고 보며 태워버리고자 한 것이 불연성의 합성수지였다는 것을 알게 될 것이다. 이런 사상事象에 필요한 불가결의 인자를 모두 알고 있을 경우는 간단하다. 리비히의 법칙을 역으로 이용해 가장 약한 고리를 강화시켜주면 될 것이다. 이런 일은 규정화하지 않아도 어느 정도는 그 누구도 일상 생활 속에서 행하고 있는 것이라고 본다. 학생은 낙제점을 맞을 가능성이 있는 과목을 열심히 공부하는 것이다. 야채 먹기가 싫어서 발육이 불량한 학생을 키우고 있는 엄마는 강요해서라도 야채를 먹히게 하던지 비타민제를 보충해주고자 한다.

그러나 불가결의 인자는 그리 간단히 알 수는 없다. 특히 인간, 또는 인간 집단이 관련되는 현상에서 관련되는 인자수는 너무 많아 무엇이 필수불가결인지를 분간하기란 쉬운 것은 아니라고 본다.

지나간 일이나 일본 정계에서 이케다池田 전 수상이 병으로 쓰러졌다. 다음 정권 인수권 자는 세 명으로 압축됐다고 한다. S씨, F씨, K씨가 거명됐다. 이때 K씨는 자신이 총재가 될 것이라는 확신을 갖고 있었다고 한다. 그러나 총재의 자리에 앉은 것은 S씨(사토수상)이였다.

이는 K씨에 있어서는 정권의 최후 기회였다고 한다. 그로부터 반년 후 그는 병으로 급사했다. 종종 정권 획득은 소문으로 끝나고 총리로 되지 않은 예가 많다. 정치가가 한 나라의 재상이 되기 위해서는 필요한 것이 무엇이겠는가. 우선 정치적 식견, 국민적 인기, 재계의 인기, 재력 구축의 능력, 관료의 조종 역할, 당내 지도력, 미국 백악관 등의 평가, 당내의 대의명분을 내것으로 하는 능력, 건강해야 할 것, 실제는 어떠하던 외견상 생활 주변이 깨끗해야 된다는 등, 그리고 또 있다. 매스컴을 조정할 수 있어야 하며 풍모에서도 어디인지 거물같은 관록과 풍채가 있어야 한다는 등등. 이 모든 것은 아니라 해도 대충 거론된다면 이 정도는 될 것이다. K씨는 이들 인자 중에서 많은 점에서 사토佐藤에게는 떨어진다는 것이다. 그럼에도 불구하고 청렴도清廉度와 재계의 인기에 있어서는 결정적으로 떨어져 있었다고 한다. 사토는 종합득점은 어떠하든 가장 약한 인자의 득점에서 평가해도 K씨를 훨씬 능가하고 있었다는 것이다.

인격 인자

심리학 테스트에 퍼스널리티 인벤토리(personality inventory)라는 방법이 있다. 이는 「만일 신문기자가 된다면 정치뉴스보다 영화, 연극을 담당하고 싶다」, 「친구가 곤경에 빠지면 자신을 희생해 돕고 싶다」등의 많은 질문 항목에 대해 가, 부 어느 쪽도 말할 수 없이 답하게 하므로 인간을 심리적인 유형으로 분류해 나간다는 것이다.

이들 질문의 각 항목은 인간의 인격을 심리적으로 구성하고 있다고 생각되는 인자에 대해 분류를 시도하는 것을 목적으로 하고 있다. 실제로 무엇이 인격 인자人格 因子인지에 대해서는 분분한 의견 뿐, 아직 정해진 것은 없다. 따라서 심리테스트에 의해 인격인자의 수나 내용이 틀렸다고 본다.

길포트의 테스트에서는 사회적 내(외) 향성向性, 억울함, 기분 변화, 느긋한 마음, 일반적 활동성, 지배력, 남성적, 열등감, 신경질, 객관성 결여,

애정결여, 협조성 부족 등의 13가지를 헤아리고 있으나 캬털의 테스트에서는 동조성, 자폐성自閉性, 고 지능-저 지능, 정신적 건강-정신적 건강 불량, 흥분성, 지배적, 충동성-억제성, 도덕성, 모험성-겁쟁이, 치밀성-뇌견성牢堅性, 이기주의-협조성, 회의적-수용적, 낭만성-현실성, 교활성-순진성, 우울성-명랑성, 급진성-보수성, 독립심-의존심, 강한 의지력 의지박약, 정력과잉-정력균형 등 18가지를 들고 있다. 이들 인자因子의 조합에 따라 성격을 분류하게 된다는 것이다.

기존의 심리 테스트는 고사하고라도 인간의 인격을 몇 가지 인자로 나눠 생각한다는 것은 틀린 것은 아니라고 본다. 그리고 인간 활동의 각각 영역에서 불가결의 인자와 그렇지 않은 인자가 있을 것이다. 특히 직업의 적성을 문제로 할 때 이는 큰 의미를 갖게 된다고 본다. 예를 들면, 저능아와 같은 인간은 어떻게 힘쓴다고 해도 학자는 안 될 것이며, 모험심이 결여된 인간이 베스트 드라이버는 될 수가 없으며, 이기심이 결여된 인간은 고리대금업자는 안 된다고 본다.

일본의 유명한 한 회사에서는 퍼스널리티 인벤토리의 기법을 응용해 직업 적성, 직종 적성을 위한 테스트를 개발하고 있다고 한다. 아직은 완전한 것이라고는 할 수 없어도 발상으로는 바른 것인지 몰라도 세일즈맨에게는 세일즈맨, 중간관리자에게는 중간관리자로 필요한 성격인자가 있을 수 있기 때문이다. 일을 실제로 시켜보면 탁월한 능력을 발휘해 계장이 된 순간 부하로부터 심한 반발을 살 경우가 있으며, 심지어 망년회 석상에서 몰매를 맞은 남성도 있다고 한다.

미국은 왜 월남전에서 패했을까

개인의 문제는 아니고 인간 집단에 관련되는 문제로 매우 복잡한 경우가 있다. 이는 그만큼 관련 요인의 수가 많아지기 때문이다.

예를 들어 유럽이나 일본에서는 볼셰비키 혁명이 성공한 당시 소련보다 많은 직업 혁명가가 있었다. 그럼에도 불구하고 혁명은 성공 가능성이 없다. 이는 혁명에 있어서 불가결의 요인 몇 가지가 충당되지 못하고 이들 요인 중 일부는 혁명가가 아무리 절치 액완切齒 扼腕 한다해도 도저히 충당시킬 수가 없는 요인이기에 틀림이 없다. 그것이 무엇인지 내외 신좌익의 기관지를 읽어보아도 아직 암중모색의 단계에 있는 것 같다.

미국이 왜 베트남전쟁에서 승리를 이루지 못했을까? 이것도 전쟁에 이기기 위한 필요 불가결의 요인을 제대로 파악하지 못한 데에 있다고 본다. 무력의 힘은 확실히 절대적인 요인의 하나이나 이는 전부가 아니라고 본다.

만일 모든 사업에 있어서 성공하고 싶으면 그러기 위한 절대적인 요인을 찾아내는 것이다. 절대적인 요인 이외에는 뒤로 돌려도 된다. 그리고 불가결의 요인에 관해서는 이를 망라해야 할 필요가 있다.

채널은 많을수록 좋다

시스템의 안정성을 지탱하는 것

그림에 제시된 오제가하라습원 생물군집에서 먹이연쇄의 표를 다시 한 번 살펴보기를 바란다. 실로 복잡하게 짜여져 있다. 만일 자연이 의도적으로 설계돼있다고 한다면 왜 좀 더 단순한 시스템으로 만들지 못했는가 하는 의문이 생길 것이다.

자연이라는 것이 의도적으로 만들어진 것이라면 매우 복잡하다는 것을 알 수가 있다. 자연은 보다 단순한 시스템으로 될 수 있을 것이라는 생각을 해본다. 먹이연쇄에서 하나의 레벨에 한 종류의 생물만이 있을 경우 무엇이 불합리할 것인지 생각해 본다.

지구상에 150만 종의 생물이 있을 필요성이 있을 것인지를 생각해본다. 먹이연쇄만이 아니다. 앞에서 언급한 물의 순환, 탄소순환, 질소순환 등 모든 물질순환의 시스템은 번거롭게 채널이 많으며 이들에 대한 엄밀한 검토 후에 차트를 그린다는 것은 대체로 불가능할 정도로 복잡한 회로망을 형성하고 있다.

이러한 복잡성이 무엇에 쓰이느냐 하면 시스템 전체의 안전성에 쓰이게된다. 변화에 대한 적응성 채널이 많으면 많을수록 높아진다. 하나의 채널이 잘못되면 다른 채널이 이어받을 수가 있기 때문이다.

생물 사회에서는 각각의 경우 우점종優占種이라는 것이 있다. 어떤 수역의 동물플랑크톤에서는 갯지렁이 유생幼生이 우점종이기는 하나 다른 수역에서는 물벼룩이 그렇게 될 경우가 있다. 그러나 한 수역 전체를 하나의 우점종으로 모두 점유하는 경우는 거의 없다. 반드시 몇 종류가 공존하는 것이다. 수온이 변하거나 물이 오염되거나 하여 어떤 종이 전멸되는 경우가 있다. 그렇게되면 대체로 별개의 다른 종이 이에 대치해 번성하게 된다.

지구 전체의 생물사회에서 현재 우점종으로 볼 수가 있는 것은 인간만이라고 본다. 그러나 인간도 자연에 있어서 생물계 채널의 하나에 불과한 것이다. 인간만이 어리석게 행동해 전멸된다면 이 지구상에는 별개의 우점종이 나오게 될 뿐이다. 인간이 만들어내는 환경파괴는 모두 포유동물에 대해서 해로운 독을 뿌리고 있다고 본다. 따라서 인간이 멸망할 때는 포유동물도 같이 멸망할지 모른다. 이 때 대신 지상의 지배권을 쥐는 것은 인간과 별개의 진화과정의 정점에 자리한 곤충류가 될 것이라고 보고있다.

효율 지상주의의 함정

인공시스템은 자연시스템과 비교해 보면 놀랄 정도로 단순한 것이다. 단순한 것을 갖고 좋아하는 풍조인 인간 사이에서 보이는 것은 인간이 지니는 사고 능력의 한계가 낮다는 것을 보이며 별로 그것이 본질적으로 좋은 것이라고 하는 이유가 될 수 없다. 더욱이 그렇게 오해하고 있는 사람들이 많다는 것은 불행한 사실들이다. 뉴욕의 정전 사고는 왜 일어났는가. 배전配電 채널이 너무 단순한 데 그 원인이 있었다. 적은 채널로 단순한 시스템을 만드는 것도 그들 나름으로 이익이 된다고 보며 효율을 높이기 쉬웠다고 한다.

예를 들어, 인간의 먹이획득을 위한 시스템을 생각해 본다. 수렵, 채집 시대에는 자연적으로 배치된 생물군집 속에서 먹을 수 있는 것을 선택한다는 수고가 필요했다고 본다. 그것에는 놀랄 정도의 노력이 필요하며 다른 모든 동물들과 같이 생활 시간의 대부분을 먹이 획득을 위해 소비하지 않으면 안 됐다고 본다. 먹이획득의 어려움이 인간의 번식을 누르고 있었으며 수렵 채집 시대의 지구상 총 인구는 500만 명 정도에 불과했다고 추정이 되고 있다.

농경과 목축의 발달은 특수한 장소를 설정해 여기에 인간에게 먹을 수 있는 생물군집을 그곳으로 모아 관리한다는 발상을 하게 된 것이다. 인간이 이 가식성可食性에 의해 작물과 잡초, 들짐승과 가축을 구별해 이들의 한편에서만 구성하게 되는 인위적인 생물 군집을 만들어낸 것이 밭과 논, 그리고 목장과 같은 것이라고 본다.

농경과 가축 기르기의 개시는 먹이획득에 관해서는 놀랄 정도의 효율이 좋아졌다고 본다. 이들 두 가지의 기술을 인류가 내 것으로 만들게 됨에 따라 전체 인구는 500만에서 8,600만으로 늘어나게 된 것이다. 그리고 먹이를 얻는 데 쓰이는 시간이 줄어들고 그 덕택으로 여가가 생겼으며 따라서 여가로부터 문화와 문명이 생기고 문화와 문명은 다시 효율적인 시스템을 만들기를 목표로 하는……등등으로 본다. "악순환"이 효율 지상주의效率 至上主義가 바로 오늘의 문명을 만들어 냈다고 할 수가 있다.

가장 안정된 아나키스트 사회

정치라는 면에서 볼 때 효율지상주의의 단순 시스템의 바람은 중앙집권적 통치기구로 되어 나타나고 있다. 경제, 사회 모든 분야에서 관리하기 쉬운 단순 시스템으로의 지향指向이 보이게 된다.

이들이 모두 틀린 것이라는 것은 아니라고 본다. 그러나 효율이나 관리를 용이하게 하기 위해 시스템 안정성이 희생돼 있다는 것을 잊어서는 안 된다. 그리고 안정성의 희생에도 한계가 있으며 효율의 추구도 그 한계 내에 머물게 해야만 된다.

정치적인 면에서 말하면 능률이라는 면에서 볼 때 매우 나쁜 대신 절대적으로 안정돼 있는 것은 아나키(무정부주의)적인 사회라고 하겠다. 무정부 사회에서는 정변이 일어날 수가 없다. 이의 반대 극에 있는 것이 독재체제라고 본다. 독재 체제는 단순히 궁정혁명宮廷革命에 의해 뒤집을 수가 있다.

채널이 적은 단순 시스템은 이들이 잘 움직일 때는 좋으나 그 어디인가 허점이 생기면 고장난 채널의 기능이 다른 채널로 바로 인계가 안되므로 시스템 전체가 파괴되고 만다. 파시즘은 국가전체를 광기로 휘몰아 전체주의라는 단순 시스템을 만들게 된다. 그리고 이 전 국가적인 시스템이 단일 시스템으로서 무너질 때는 사회전체가 빨려 들어가 파멸의 위기에 빠지게된다. 이에 비해 채널이 많은 시스템에서는 한 두개의 채널이 이상하게 된다 해도 시스템 전체는 건전하다고 본다.

모 회사 하나에 매달려 있는 하청공장과 몇 개 회사와 거래하는 하청공장 사이에는 그들 모 회사가 잘나갈 때는 전자의 쪽이 잘 판매가 될지 모른다. 그러나 불황이 찾아오면 모 회사가 고통스러우며 이들은 불황의 구름을 같이 받게된다. 같은 경우로 모든 기업의 거래처나 거래은행에도 해당이 된다. 건전한 경제인은 본능적으로 안전성 확보의 필요성을 알고 있기 때문에 복수의 채널을 갖게 되어있다.

기업의 입장에서는 상식적이라고 하겠으나 국가의 수준에서는 행해지고 있지 안는다고 본다. 예를 든다면 국가가 지닌 금의 외화보유는 달러뿐이므로, 일방적으로 미국 경제와 일련탁생一蓮托生의 관계에 있게된다.

핵미사일 발사 시스템은 우발적인 전쟁을 피하기 위해 스피드 제일보다는 안전 제일에서 일부러 효율을 나쁘게 하고 있다. 그것은 미사일에 의한 우발 전쟁이 인류멸망을 의미한다는 위험한 인식이 바르게 인식되어 있기 때문이다.

그러나 눈을 잘 뜨고 보면 이와 비슷한 위험은 다른 곳에도 있다. 예를 들어, 농작물의 수확률을 높이기 위해 생물 사회를 농약으로 일원화一元化하고자 하는 데에서 초래되는 위기 또한 같이 중대하다는 것이다. 공해의 대부분은 효율지상주의에서 일어나게 된 결과이다.

이제부터 문명이 추궁해야 될 방향은 복잡하며 다양한 시스템을 효율과 스피드를 떨어트려서라도 안전성을 중시해 만들어 나가는 길이 아닌가한다.

자연에 있어서 인간 또한 생물 시스템의 한 채널에 불과하다. 인간이 자멸해도 자연은 곤궁에 빠지지는 않을 것이다. 자연의 시스템에는 언제나 이에 대처하는 채널이 준비돼 있다고 본다. 인간은 자연없이 살아나갈 수는 없으나 자연은 인간 없이도 살아나갈 수가 있기 때문이다.

피드백 기구를 만들어라

아웃풋과 인풋

피드백(Feed back)이라 함은 아웃풋의 일부를 인풋에 돌려줘 인풋의 조절을 시도하는 것을 말한다.

가장 간단한 피드백 장치는 전기난로 등에 붙어있는 서모스타트(Thermostat)라고 본다. 서모스타트는 열 팽창률이 다른 금속 편을 두 장으로 하여 등쪽으로 만든다. 온도가 오르면 한쪽 편이 보다 많이 늘어나 구부러진다. 그렇게되면 이들 선단에 붙어있는 스위치가 끊어진다. 온도가 내려가므로 다시 구부러진 것이 되돌아와 다시 스위치가 들어온다. 이러한 반복이 되풀이 되어 전기난로는 일정하게 온도를 유지하게 된다. 즉 피드백 기구의 목적은 시스템의 출력을 일정하게 유지하는 것이 된다.

사이버네틱스(Cybernetics)의 출현 이후, 피드백 기구는 상당히 보편화된 것이다. 텔레비전이나 스테레오의 자동 음량 조절 장치와 같은 것도 그 한 예라고 본다. 근대화된 공장에 있어서는 도처에서 피드백이 작동하고 있다. 보일러 온도, 파이프 속의 유량, 모터의 속도 등이 자동적으로 조절이 되어 있다. 그러나 이들의 이용 방식은 기계, 기구 등 무기적인 이용이라고 본다. 틀림없이 다른면에서도 경험적, 또한 수공업적 피드백 장치는 있다. 예를 들어 중앙은행의 금리조작이나 기업이 불황일 때 인원 감축 등은 그 한 예라고 본다.

그러나 자연의 구석구석까지 존재하는 교묘할 정도의 피드백 기구에 비한다면 우리 인간의 이용은 아직 부족한 것이 너무도 많다.

불안정한 인공시스템

예를 들어, 공기 중의 탄산가스가 수 천년간 일정량 유지돼온 것은 앞에서 언급된 것과 같이 탄산가스가 늘어나면 해수 속에서 더 많이 녹으며 탄산가스가 적어지면 해수 중에 용해된 것이 공중으로 방출된다는 기구가 있기 때문이다.

먹이연쇄는 150만 종의 생물이 공존하기 위해 피드백 기구가 누적된 것으로 볼 수가 있다. 가령 어떤 생물이 늘어난다고 하자. 그렇게되면 먹이가 부족해 아사자餓死者가 생긴다. 이로 인해 수는 원래대로 돌아가게 된다.

앞의 그림에서 제시한 TCA 사이클에서도 피루브산의 분해는 최종 생성 물질의 옥살 초산의 양에 의해 결정이 되고 있다. 이와 같이 자연계에서는 마이크로의 수준에 이르기까지 모든 시스템이 피드백 기구에 의해 자동 조절이 되고 있다. 이런 것이 있기에 자연은 안정되어 있다. 그러나 인공 시스템에서는 아직도 피드백이 지나치게 부족하고 있다고 본다.

공장내의 시스템에서 쓰이고 있는 기술을 이용하여 하천의 오염이 한도 이상이 되면 자동적으로 폐수방출을 정지시키는 것이나 대기 속의 아황산가스 농도가 기준 이상일 경우 공장 보일러 불이 제대로 꺼지는 일과 같은 장치는 간단히 만들 수가 있게 될 것이다. 지나치게 일만한 사람은 자동적으로 휴식이 되게 하며 돈 많이 번 인간은 자동적으로 돈을 쓰지 않으면 안 되게 하는 것과 같은 피드백 장치가 있으면 좋을 것 같다.

6

적응의 생태학

환경이 바뀌면 자기도 변한다

천이遷移 — 생생生生 유전流轉하는 자연

생태학의 중요한 개념의 하나로 천이遷移라는 것이 있다. 실례로 설명하는 것이 더 나을 것 같다. 헐벗은 암석의 토지를 생각해 보자. 암석에 정착되는 식물은 지의류地衣類 뿐 일 것이다. 지의류가 암석에 붙으면 암석의 극히 일부만 침식해 토양을 약간 만들어낸다. 그렇게 되면 이끼류가 자리하게 되며 지의류를 제치게 된다. 이끼류는 점진적으로 암석을 침식해 그 만큼의 흙을 만든다. 어느 정도 흙이 만들어지면 이들 흙은 물을 유지, 보유하게 된다. 흙과 물만 있으면 작은 종자식물이 자라게 된다. 종자

식물은 또 다시 암석을 토양으로 바꾸며 그 덕택으로 점진적으로 작은 식물에서부터 큰 식물이 자라게 된다. 그 다음 작은 나무가 자라서 키 큰 나무로 되고 숲이 만들어진다. 일단 이 이상 변화가 없다고 할 수 있는 안정된 상태가 됐을 경우 이를 극상(極相; Climax)에 도달했다고 한다.

대체로 헐벗은 암석 지대에서 숲이 만들어지기까지는 1,000년이 걸리며 벌채된 곳이나 경작이 포기된 밭의 경우 숲이 되기까지는 약 200여 년의 세월이 걸린다고 한다.

극상(클라이맥스)은 영원히 지속되는 것은 아니라고 본다. 어차피 자연의 역사에 비해 인류의 역사는 너무도 짧아 일정하게 말할 수는 없다. 그러나 상당히 오래된 숲에서는 노쇠라고나 할 수 있는 현상이 간혹 일어나는 것을 관찰할 수가 있다.

흔히 대부분의 지역에서는 이제까지로 보면 노쇠(성숙)되기 이전에 태풍이나 산불과 같은 천재지변과 사람의 손에 의해 숲의 성장이 중단되는 경우가 있다.

천이遷移는 식물에서만 보이는 것은 아니라고 본다. 식생植生이 변화하면 이에 따라 그곳에 살고 있는 동물의 상相도 필연적으로 변화해 가는 것이다. 초원에는 초원의, 숲에는 숲 동물이 살고 있다. 자연에서는 만물이 항상 변화해 나가는 것이다. 생생유전生生流轉이 바로 자연의 실상이라고 하겠다.

번영은 조락凋落의 조건

천이遷移는 왜 일어나는가?

그 당시 그곳의 환경에 가장 적응이 잘된 것이 바로 전성기라고 할 수가 있다. 그러나 어떤 생물이 번성하면 그 생물의 번성 자체가 별개의 환경을 만들어내게 된다. 그 환경은 그 생물 보다 다른 생물에 있어서 번성이 될 조건을 만들어낸다고 본다. 이렇게 해서 천이는 다음 단계로 진행하게 된다.

농경農耕이라는 기술은 천이를 인위적으로 방해하여 어떤 종의 식물만을 항상 번성시키고자 한다. 만일 사람이 밭의 경작이나 제초를 하지 않으면 바로 천이는 진행된다. 우선 밭은 온통 잡초로 덮이게 된다. 다음 해에는 같은 잡초라 해도 망초, 온굿나물과 같은 보다 키 큰 잡초들이 무성하게 자라게 된다. 이것이 4~5년 지나면 참억새, 띠와 같은 벼과 식물이 이에 대치해 바뀌지며 얼마 후에는 붉나무, 칡이 번성하게 된다. 그리고 5년에서 10년이 지나면 졸참나무, 상수리나무와 같은 잡목 숲으로 변하게 된다. 그 당시 가장 잘 자라던 것은 항상 다음에 번성하기 위한 종을 위해 토양을 준비해 준다고 보아야 될 것이다. 이는 매우 거시적인 관점에서 본다면, 30억 년이라는 생명의 진화사進化史는 지구를 무대로 펼쳐진 엄청난 천이의 드라마라고 할 수 있을 것이다. 어류시대는 양서류兩棲類시대를 준비 해주고 양서류의 시대는 파충류의 시대를 준비하며 파충류의 시대는 포유류의 시대를 준비한 것이다. 그렇게 해서 지금은 포유류의 일부인 인류의 시대인 것이다.

이들 천이의 계열은 인류의 시대를 끝으로 막을 내린다는 것은 생물학적 상식으로는 생각 할 수가 없다. 30억 년의 지구역사地球歷史속에서 이들 각각의 시대에 있어서 제것인양 얼굴로 지구를 지배하던 삼엽충이나 공룡이 그러했듯이 우리 인류도 자신들의 활동 그 자체에 의해 환경을 스스로 존재에 부적격한 것으로 바꿔가고 있다.

만일 인간이 스스로 바꾼 환경이 생물학적으로 적응이 안 된다면 지구의 지배권을 다음 생물에게 넘겨줘야 한다는 것은 분명한 일이다.

천이에는 혁명이 부속물

이들 천이현상遷移現象을 인류의 사회사 속에서 찾아낸 것이 마르크스라고 하겠다. 마르크스는 이를 역사의 변증법辨證法이라고 이름을 붙였다. 봉건주의 사회는 절대주의 사회의 토양이 되고 절대주의는 시민사회를 만들었다. 시민사회는 사회주의를 거쳐 공산주의 사회라는 천이계열遷移系列을 찾아 거기에서 극상(Climax)에 도달한다는 것이 마르크스의 예언인 것이다. 이 천이를 인위적으로 밀어붙이는 기관인 혁명당의 이론을 갖고 등장한 인물이 레닌이며 러시아에서 이 천이遷移를 추진해 온 것이다.

그러나 사회주의로부터 공산주의로 이행이라는 다음 단계의 천이는 잘될 것 같지 않다고 본다. 그 이유는 모든 천이의 실례를 통해 보여주듯이 천이의 진행이란 우점종優占種의 교체라는 것과 같은 동의어同義語이기 때문이다. 사회주의 사회에서 우점종이 권력의 자리에 위치한 그대로 천이가 진행된다는 것은 있을 수가 없다.

천이에는 혁명이 따라다니는 부속물과 같다. 이 우점종은 그 시대 환경에 가장 적합해 있기에 우점종으로 될 수 있으며 환경이 변화한다면 조락凋落을 면할 수밖에 없다고 본다. 예를 들어, 사회주의 다음 단계가 공산주의라는 예측이 옳다해도 이들 이행移行을 담당할 주역들은 사회주의 사회 속에서 아직 양성釀成되고 있는, 아직은 알려지지 않은 종種이며 지금의 체제를 담당하고 있는 우점종은 아닐 것이다. 이들 새로운 종이 마르크스의 예언을 실현해줄지 여부는 오히려 의문스러울 것이다.

선례가 없는 천이에 관해서는 천이의 다음 단계까지 예측이 된다 해도 다음, 다음 단계까지는 예측이 불가능하기 때문이다. 마르크스는 공상에서 과학으로라는 표방을 하면서 다음 단계의 과학의 예측에 다음, 다음 단계로의 원망願望을 섞어버린다는 식의 과오를 범하고 있다. 그리고 그가 말하는 과학에는 이러한 공상이 풍부했기에 언제까지나 매력이라고 하기보다 마력魔力을 이어왔다고 보게 된다.

그렇다면 예로써, 진화사進化史라는 천이계열의 미래를 생각해보자. 현재의 환경 변화의 진행으로부터 우점종의 교체가 진행될 때 다음으로 오는 우점종은 어떠한 것인지에 대해 대체로 과학적인 예측이 가능하다고 본다. 다음 대의 우점종이 반드시 먼저 대의 우점종의 내부 또는 그 근연近緣이 나오게 된다. 그런 관계로 현대의 최우점 종인 인류人類와 곤충으로부터 태어나는 초 인류, 초 곤충이 그것들로 될지는 잘 모른다. 그렇다면 그 다음은 어떻게 될 것인가? 이는 더 이상 예측이 불가능할 것이다. 그들이 영위하는 생활과 그에 따른 환경 변화가 어떻게 되는가를 우리들은 아무런 자료도 갖고 있지 못하기 때문이다.

이를 마르크스의 위대함이라고 한다면, 마르크스의 위대함은 사회사社會史에 있어서 이 예측 불가능의 지점까지 큰 칼을 휘둘러 베어보려고 한 것이 된다.

천이 계열의 국지성局地性

또 다른 천이에 관해 알아야 될 것이 천이계열遷移系列은 결코 보편적인 것이 아니고 국지성(局地性; localism)이라고 하겠다.

기후하나만 보아도 환경은 지역에 따라 개별성을 지니고 있다. 한편, 같은 기후구氣候區라 해도 사구砂丘 위에 전개되는 천이계열과 내륙 쪽에서 전개되는 천이계열 사이에서 스스로 다르게 나타나는 것은 당연하다고 본다.

사회적인 천이에 대해서도 같은 이야기가 가능하다고 본다. 마르크스의 적자嫡子라고 할 수 있는 유럽의 사회주의는 결코 탄생되지 못하고 유럽사회는 모두가 별개의 천이계열을 추구하게 된 것이다. 이러한 것을 정확히 절리해 미래를 예측한 사람은 그 누구도 없었다. 유럽 사회의 다음 대의 모습은 현실 사회가 현재 내포하고 있는 것을 분석하므로 비로소 알게 되며 마르크스로 되돌아가는 것이 아니라는 것은 분명하다.

마르크스의 거대한 두 서자격인 러시아 사회주의자와 모택동毛澤東 주의자는 각각 지방적(국지적)인 색채가 뚜렷하며 다른 천이계열遷移系列로 옮겨져 가고 있다. 양자의 다음 천이단계가 언제 어떻게 도래할지는 좀 더 시간이 흐르지 않고서는 그 누구도 장담할 수 없다. 폭력적으로 이루어진 환경 변화가 정착되며 현재의 우점종優占種에 대체되는 새로운 종을 낳기는 아직 시간이 필요하다고 보기 때문이다.

환경변화에 적응하기 위해서

천이현상遷移現象은 더 마이크로한 수준에서도 여러 가지로 발견이 가능하다. 예를 들어 산업계에서의 우점종優占種의 교체가 또한 그러하다. 지난날의 섬유 산업이나 최근의 자동차 산업은 우점종의 전형이라고 하겠다.

여기에서 분명한 것은 우점종은 자기의 번영 그 자체 내부에서 자기의 쇠퇴 원인을 발견시키지 않고 내버려주지 않는 것이라고 본다. 자동차가 지금처럼 잘 팔린다면 자동차 산업은 곤경에 빠지지 않을 것이다. 역설적이기는 하나 번영의 추궁은 동시에 자기무덤을 파는 경우가 있다는 것을 알아야만 한다. 전기電機 산업을 보아도 여기에서 천이 현상을 발견할 수가 있을 것이다. 이들 환경 변화에 상응 해 자기 체질을 변혁시켜 나가지 않는 산업은 모든 산업 활동은 사양산업화斜陽産業化 될 것이다.

같은 이야기로 더우기 개인 수준에서 말할 수도 있을 것 같다. 오늘날

대우받고 있는 컴퓨터 기술자도 언젠가는 라디오 수리공 정도의 존재로 전락되지 않는다고 장담할 수가 없다. 제트 조종사가 택시 운전사 정도로 될 날이 그리 멀지 않다고 보는 것이다.

생물사회에 있어서 생물은 자기의 형태나 기능까지 변화시켜가며 환경변화에 적응하는 것은 매우 힘들 것이다. 따라서 천이의 흐름에 따라 그 방향으로 흘러가야만 된다고 본다.

그러나 산업과 인간은 다르다. 예를 들면 데이진帝人이라는 유명 회사가 있다. 지난날 제국 인견帝國 人絹회사로 알 수 있듯이 인조 견사를 만드는 회사였으나 전쟁 후에는 생산품을 바꾸어 환경 적응을 이룩한 회사로 유명하다. 그들은 이에 그대로 있었더라면 다시 사양화 산업이 될 것이 최근 수년간 또 다시 화려한 변신으로 일어서고 있다. 지금의 데이진帝人도 하나의 업종으로 분류하기란 힘들다고 보나, 이들 산업 내용은 합성섬유 제조에서 패션 비즈니스까지 섬유산업, 석유, 티탄과 같은 천연 자원 개발과 석유 단백질원을 이용한 식품사업, 주택 사업, 합성수지合成樹脂, 필름 등 화학제품 사업에다가 여기에 정보산업까지 진출한다는 모양새로, 새로운 시대의 경제환경에 맞게 체질 변혁에 이바지하고 있다고 한다. 이는 한국의 기업도 마찬가지라고 본다.

여기에서 인간 개인으로서 한 예를 들어보자. 이도가와요시오絲川英夫, 이 사람은 대학 졸업 후 비행기회사에 입사, 그곳에서 7년 동안 지낸 다음 의학 분야로 전향, 뇌 진단을 위한 의료기술 개발에 종사했으며 그 다음 다시 음향학音響學으로 옮겨 바이올린을 연구하고 또 그 다음으로는 우주개발을 10년 간 수행해 로켓박사로 명성을 올렸다. 그는 이어 다음에는 싱크탱크(두뇌 집단)를 조직해 해양개발에서 정보 산업에 이르기까지 새로운 분야에 손대고 있었다. 이와 같은 화려한 변신 후 이분은 기술환경의 격변 속에서 항상 수월성(우점종)이라는 엔지니어의 톱 그룹에 자리하게 된 것이다.

이도가와씨는 70년 이후에는 시스템 산업의 시대라는 것을 강조해 왔다. 이제까지의 단순한 상품 제조를 통해 판다는 공업 사회가 일보 전진한 모양으로 종합된 공업제품을 판다는 시스템산업 중심의 초 공업사회가 나타나기 시작한다는 견해를 강조하고 있다. 확실히 그렇게되는 시대가 온다고 본다. 그것은 시스템공학을 배우지 않아도 생태학적인 사고라면 필연적으로 예상이 되는 것이다.

최적 조건은 인내라고 본다

자연계에 충만한 생명력

모든 생물은 환경과 작용해 자기에게 알맞은 환경을 만들어 내고자 한다. 무엇으로 적절한 환경을 만드느냐 하면 개체로서는 생육, 종으로서는 번식의 정도를 헤아릴 수 있겠다. 즉, 자꾸만 자라서 수명이 길어져 자손이 자꾸만 늘게 된다는 것이 생물학적인 성공이라고 본다.

그러나 모든 생물에 있어서 완전한 최적조건이 나타나게 되면 살아가는데 매우 힘들게 된다고 본다. 그렇게 이야기하는 것은 어느 생물이던 잠재적으로는 놀랄 만한 번식능력을 갖고 있기 때문이다.

다윈은 코끼리의 번식능력으로 이런 계산을 하고 있다. 코끼리는 30세가 돼 생식을 시작해 90세까지 생식능력을 유지하고 있다. 이 사이에 평균 6마리의 자식을 낳는다. 이들 새끼들이 도중에 죽지 않고 모두 어미가 된다면 한 쌍의 코끼리로부터 출발 70년 후에는 1,900만 마리의 큰 코끼리 무리로 된다고 한다. 코끼리는 동물 중에서 가장 번식력이 낮은 편이라고 본다. 이러한 코끼리가 이 정도이니까 다행이지, 큰 번식력의 동물이라면 이는 천문학적인 숫자로 늘어나게 될 것이다.

정어리의 산란수가 2만에서 10만 개나 된다는 것은 이미 언급했다. 식물의 경우는 더욱 심하다. 잡초의 일종인 실망초는 한 포기에서 7만~70만의 종자를 생산하고 있다.

자연계에는 이러한 잠재적인 생명력으로 충만되어 있는 것이다. 도처에서 적당한 넓이 1m^2 흙을 채취해 보면 그곳에는 수 10만에서 100백 만의 식물 종자가 퍼져 있다. 그러면서 이들 중 발아가 제대로 되는 것은 불과 2만 이하라고 한다.

짚신벌레는 단세포생물單細胞生物이기에 세포 분열에 의해 늘어나게 된다. 이들 분열의 속도는 22시간에 한 번식이다. 1월 1일에 분열을 시작해 이들 새끼가 모두 살아남는다고 하자. 그럴 경우 놀랍게도 4월 12일에는 지구와 같은 크기의 짚신벌레 덩어리가 만들어지게 된다.

또한 미국의 인디아나주의 한 숲에서 새의 번식을 조사한 보고가 있다. 이에 따르면 12종류가 170개의 집을 지어서 그곳에는 598개의 알을 낳게됐다. 이들 중 부화된 것은 이의 절반 이하인 231개, 그리고 새끼가 뱀에 희생되거나 악천후로 죽은 것 등을 제외한다면 집을 떠날 수 있을 때까지 자란 것은 다시 그 절반 이하인 105마리라고 했다. 이들은 새끼들이 다 자라 어미가 되기까지는 다시 그 절반은 감소할 것이라는 추정을 내리고 있다.

절박한 인류의 대 폭발

생물계의 이러한 놀라운 번식력은 이들 생물이 생태계의 일부로 구성원이 돼있으므로 적절하게 견제되고 있다고 본다. 그러나 이 견제하는 쇠고리가 망가진다면 생태적 대 폭발이라고 불리어지는 현상이 일어나 돌연 개체 수는 크게 늘어나며 결국 먹이가 부족해 일제히 아사餓死하거나 또는 집단적 광기狂氣로 변해 물로 뛰어 들어가던지 해, 자멸하는 현상이 때때로 관찰되고 있다.

유사이래 인류의 인구수 증가 비율을 알아보면 분명히 인류는 인구 대폭발을 일으킬 직전까지 와 있다고 하겠다. 의학이나 환경위생의 발달의 덕택으로 사람의 수명은 늘기만 한다. 그러면서 생식은 옛날과 다름이 없으니 오늘날과 같이 된 것이다. 전 지구적인 규모로 인구 조절을 해야만 될 시기에 와 있다.

환경이 좋아지는 것은 생태적 대 폭발을 가져온다는 것만으로, 좋지 않다는 것은 아니라고 본다. 생물이 그 기능을 완전하게 발휘하기 위해서는 최적조건 보다는 오히려 자제 상태 쪽이 옳다고 본다.

잡초는 흔히 생존력이 강한 것의 대명사처럼 비유되고 있다. 그러나 잡초가 생활력이 강한 것은 최적조건이 되는 것을 인위적으로 누르고 있기 때문이다. 잡초는 자라기 시작하면 뽑힌다. 잡초는 이에 대항해 자신의 있는 힘을 다해 생명을 유지하고자 한다. 이것이 잡초의 강한 생존력을 키운다. 잡초가 커도 그대로 방치한다면 일시적으로는 잡초는 최적조건을 얻어 크게 번성하나 겨우 몇 해 못 가서 자멸하고 만다는 것은 천이에서 설명한 대로이다.

인류는 자연속에서 최적조건을 만들어내기 위해 수 천년에 걸쳐 노력해왔다. 이러한 싸움에서 인류는 영웅적인 힘을 발휘한 것이다. 그리고 여기에 이르러 생물끼리는 대체로 최적조건에 가까운 것을 얻는 데 이르렀다고 말할 수가 있다. 네안데르탈인 시대의 평균 수명은 30세 이하였다고 하나 지금은 70세를 넘으니 총 인구가 500만 정도인 것이 65억을 넘고 있다. 2005년 MSNBC에 따르면 1999년에 60억, 7년 후에는 5억이 증가, 4배 이상이나 늘었다. 이대로의 추세라면 2012년에는 70억 명을 넘는다는 계산이 된다. 1900년 후 개체 수 증가곡선이 폭발 지점에 바로 접근된 데 대해서도 알 수가 있다. 그리고 자연과 생명을 아끼면서 싸워온 시대의 기백과는 달리, 현대 문명시대에 드리워지는 것은 나태와 편안 추구에만 급급한 것 같다.

단지 인류가 다른 생물과 다른 것은 위기를 인식하고 위기 대처의식을 갖고 있다는 능력이라고 본다. 이러한 의식이 최적조건最適條件 속에서 굳이 참아가는 상태를 만들어 이들 위기를 피하는 한정된 가능성을 찾아야만 한다고 본다.

스토이시즘 가치를 다시 보자

인간은 같은 종 사이에서도 특정 집단이 합세해 다른 집단을 정복함으로써, 이에 의해 자신들만의 최적조건最適條件을 만들어 내고자 하는 계급지배를 잘 운영해 온 것이다. 일찍이 귀족, 가까이에는 자본가라는 집단이 그러했다. 이들 집단들의 운명을 바라보면 관심이 간다.

귀족이나 자본가나 두 부류가 있다. 하나는 이들 최적조건에 빠져 전적으로 나태懶怠해진 사람들이 있으나, 그런가 하면 또 한편은 최적조건에 만족하지 않고 오히려 스스로를 깨우치면서 생활의 법도를 지킨다는 것이다. 전자의 경우 예외 없이 대부분 조락凋落되나 후자는 지배권을 계속 장악하게된다.

현대 우리 사회의 경영자를 보면 이들 양자를 볼 수가 있다. 나태한 경영자는 조만간 실각하며 노동자보다 가혹한 노동을 받아들이고 있는 경영자는 몸으로 다하고 있다. 이에 대해, 노동자측은 어느 쪽인가 하면 전적으로 최적조건의 획득에 접근해 얻어진 조건 중에는 나태로 흐르는 자들이 더 많다고 한다. 일본에 있어서 자본주의의 안일한 이유가 여기에 있다고 보고 있다.

최적조건이 대중적으로 표출돼 가는 현대에 있어서야 말로 스토이즘의 가치를 다시 한번 인식하게 되는지도 모른다.

파괴는 상위 · 중심부로부터 시작된다

데드 · 센터

데드 · 센터라는 말이 있다. 식물의 군락이 크게 번성해 과밀過密상태가 됐을 때 이들 군락은 중심부만이 사멸되어 주변부周邊部는 살아남는다는 형식의 자기구제를 도모하는 것이다.

문명의 흥망역사를 되돌아보면 이와 같은 현상이 일어나고 있다는 것을 알 수가 있다. 로마 문명은 헬레니즘 문명의 주변부가 살아남은 것이며 유럽 문명은 로마 문명의 주변부라고 하겠다. 그리고 현대의 미국 문명은 유럽 문명의 주변부라고 볼 수 있다.

중국사를 보아도 비슷한 이야기를 할 수가 있다. 남북 간의 문명 중심의 이동 주변 이민족과 한민족漢民族과의 사이에서의 정권 쟁탈이 이에 해당된다고 본다. 한국의 역사, 일본의 역사가 모두 정치의 중심은 언제나 중심부에서 주변부로 이행하며 나타나게 된다. 일본사의 경우도 헤이안平安, 가마구라, 무로마치, 에도江戸와 정치 중심은 주변부로 이행돼 나타난다. 명치유신明治維新은 장소라는 중심부의 이동은 없어도 이는 새로이 정권을 장악한 반주藩主라는 주변부가 중심부로 이동해 왔다고 보는 것이다.

이러한 생각을 통해 21세기는 중국이나 일본의 세기라고 하는 허만 칸의 예언도 귀담아 들어볼 필요가 있다. 현대 미국 문명의 주변부에 있어서 지금 벡터(Vector. 힘 따위)가 가장 상행된 것은 일본이라는 나라라고 보고 있기 때문이다.

이제까지 지구사地球史에 등장된 동물의 과科와 목目을 헤아려 보면 대체로 2,500과나 된다. 이들 중 3분의 2는 멸종되고 3분의 1에 불과하다. 무엇이 원인이 돼 그 많은 종이 사멸된 것인지에는 여러 설이 있다. 이들의 경우 어차피 환경의 격변이 있어 그 변화에 적응해 살아남지 못했다는 것이 그 이유가 될 것이다.

가장 약자 도시주민

생물은 환경에 적응하며 살아간다고 해도 이들 적응에는 폭이 있다. 적응의 폭이 큰 생물이 있는가 하면 적은 생물도 있다. 물고기에서 그 예를 들면 농어류는 상당한 수온 변화에도 견디게 되며 무지개송어는 협온성狹溫性이라고 해서 온도 변화에 약하다. 송어와 농어가 같이 살고 있는 계류에서 숲을 벌채했다고 하자. 햇빛이 직접 쪼여 수온이 2~3도나 상승하게 된다면 송어는 살지 못하나 농어는 살아남는다.

적응의 폭이 넓다는 것은 생활할 수 있는 장소의 범위가 넓다는 것이다. 그러한 생물은 어떤 특정 장소에 있어서는 그 환경에 보다 적절히 적응된 생물보다 생활력은 약하다. 역으로 적응의 폭이 좁은 생물은 자신에게 적합한 환경 속에서는 뛰어난 힘을 발휘하나 일단 이들 밖으로 나가면 아무 것도 안 된다.

여기에서 주목할 것은 어느 쪽인가 하면 하등 생물일수록 적응의 폭이 넓으며 고등 생물일수록 적응의 폭은 좁아진다고 본다.

고생대에 절멸된 생물을 생각해보면 그 시대의 고등한 생물로부터 멸망한 것을 알 수가 있다. 삼엽충三葉虫은 갑각류의 정점에 위치하던 것이며 공룡은 파충류의 챔피언이라고 본다. 이에 대해 플랑크톤이나 박테리아, 미생물 등, 하등 생물은 7억 년이라는 긴 세월을 걸쳐 종이라는 생명을 이어주며 살아왔다.

현대의 고등생물의 그 첫째는 인류인 것이다. 지구의 현재 환경이 위기에 직면하게 될 때 최우선적으로 당하는 것은 아마도 인간이 될 것이라고 본다. 그것도 과밀상태에 처해 있는 도시쪽 인간들이 당할 수밖에 없다고 본다.

고등동물의 취약성은 그들의 번식능력의 취약성에 의한 것으로 봐야 한다. 하등동물은 그 라이프사이클이 짧고 새끼를 많이 낳는다. 따라서 환경이 급속히 변한다 해도 이에 적응할 수 있는 변종을 낳고 그에 따라 종을 존속시킬 수가 있다. 예를 들어, 인간이 아무리 강력한 약품을 발명한다해도 얼마 가지 않아 이에 대한 내성耐性을 지니는 균이 나타난다는 등, 이는 좋은 예라고 하겠다.

최근에 와서 모든 생물의 약점이라고 할 수 있는 방사능에 대한 내성耐性을 지니는 미생물마저 발견되고 있다. 이것도 시간단위, 일 단위로 시대가 교체되는 미생물들의 일이라고 본다.

변동에 강한 팔방미인

평상시에는 상위의 것, 중심부의 것일수록 강하나, 위기의 시대에는 이와 반대가 된다는 것은 인간 사회에서도 합당하다고 본다. 서민은 혁명을 두려워하지 않는다. 왜냐하면 혁명에 의해 목이 달아나가는 것은 항상 상위라고 보며 중심부의 것에 불과하기 때문이다. 서민은 어떠한 시대 변동에서도 적응이 가능하다. 그것이 안 되는 것은 귀족이나 인텔리층이라고 본다.

개미의 한 종류인 노예개미를 사용해 이를 도와주는 귀족개미라는 것이 있다. 노예개미는 귀족개미의 집 돌보기에서부터 식사준비까지 하고 있다고 한다. 이들 사회에서 일단 노예개미만을 제거해 본다. 그렇게 되면 나머지 귀족개미는 눈앞에 먹을 것이 있어도 이를 어떻게 해야 될지 몰라 그대로 아사餓死하게 된다고 한다. 일본에서는 패전 직후 식량 암거래를 할 줄 몰라서 배급에만 의존한 결과 결국, 영양 실조로 죽었다는 재판관의 이야기가 전해오고 있다고 한다.

평상시에는 적응 범위를 한정시키므로 적응도適應度를 높인 것이 더 강하며 위험 시대에는 적응도가 낮아도 적응 범위가 넓은 쪽이 일반화와 특수화라는 우열비교에 바로 통한다고 하겠다.

그런데 특수화 기술시대라고 해서 특수화가 대접받은 적이 별로 없었다. 확실히 이들 전문 영역이 시대의 요청과 일치될 때에는 강하다고 본다. 그렇지 않으면 무용지물이 될 수 있다. 위험의 시대, 변화의 시대에는 특수화된 전문성 보다 환경변화에 임기응변 적절히 대응할 줄 아는 팔방미인 쪽이 강한 것이다.

현대의 생활환경, 경제환경은 너무나 급템포로 변화를 거듭해 가고 있다. 멍청하게 전문화를 목표로 하나의 종류 속에 자신의 기능을 고정해버리면 이들 전체가 소멸되어 갈 곳이 없어진다는 비극적인 사태까지 야기되지 않는다고 볼 수 없다. 전문성을 표방한다해도 융통성이 있는 특수화, 다른 방면에도 쓰일 수 있는 특수성이 필요하다는 것이다.

7

윤리의 생태학

선악은 상대적

해적은 모두 죽이는 것이 옳은가

선악善惡이라 함은 여기에서는 별도의 윤리학倫理學의 명제는 아니다. 원리적으로 선善이라 함은 무엇인가? 그리고 악惡이란 무엇이냐를 문제로 하고자 하는 것은 아니다.

자연계에서 우리들이 악이라는 것이나 선이라고 부르는 것은 깊이 생각해 보면 지극히 자의적恣意的인 선악에 불과하다는 것을 이야기하고 싶다.

자연은 있는 그대로이다. 전체로서의 자연 속에는 선도, 악도 없다. 자연의 일부를 끊어와 그곳에 하나의 좌표를 삽입한다. 선악이 나타나는 것은 그 후의 문제라고 본다.

인간은 인간에 대해 해를 끼치는 것을 악이라고 하고 있다. 물론 인간은 인간으로 살아가기 위해 그것이 당연하다면 당연한 것이다. 그러나 문제인 것은 무엇이 인간에게 해를 끼치며 무엇이 덕이 되는지를 고찰해 볼 때 고찰의 범위를 너무 좁게 한정해 버리고 있는 데 문제가 있다.

해충害虫이라는 말을 생각해 보자. 인간에게는 불쾌감을 주며 먹이를 먹어치운다. 가축이나 작물의 성장을 저해한다. 이러한 생물을 해충이라고 규정하게 된다. 인간의 입장에서 해충은 백해무익의 존재로만 여겨지게 되고, 여기에서 해충박멸이라는 사상이 나타나게 된다. 여기에서 좌표축을 인간 쪽에서 해충이라고 불리어지는 생물 쪽으로 바꾸어 생각해 보면 어떨지. 이는 바로 인간이야말로 "해수害獸" 즉, 해로운 짐승이 될 것이다.

자연에 있어서는 어느 쪽이나 편견인 것이다. 인간과 "해충" 사이의 투쟁은 자연을 구성하고 있는 무수한 투쟁의 하나의 형태에 불과하다. 자연은 그러한 투쟁의 끝없는 길항拮抗위에 성립돼 있다고 본다. 그리고 인간 존재는 자연의 존재를 전제로 하고 있으므로 거시적 인 안목으로 본다면 해충 또한 인간에게는 이용되는 것이 있다고 하겠다.

해충과의 싸움을 포기하라는 것은 아니다. 싸우는 그 자체가 자연이다. 모든 생물은 적이 있으며 그 적과 싸워 나가고 있다. 그러나 그 싸움이 상대 종족을 전멸시키는 제노사이드 단계까지 밀어붙인다면 이는 이미 자연에 대한 반역으로 보게 된다. 해적 박멸 사상은 생물계에 받아들여진 아우스비즈의 사상과 행동이라고 해도 좋을 것이다. 그 결과는 무엇을 초래하는가에 대해서는 이미 먹이연쇄의 항목에서 언급한 것이다. 중국의 참새박멸 운동의 결과가 해충의 대 발생에 의한 대 흉작을 초래한 사실을 통하여 제노사이드는 돌이킬 수 없는 참화를 가져온다는 사실을 증명해주고 있다.

악은 변증법적 존재

자연계에 있어서 여러 생물이 각각 지니고 있는 해적은 미시적인 수준에서 없는 것이 좋은 존재이나 거시적인 수준에서는 없어서는 안 된다는 변증법적인 존재이다. 해적박멸 사상은 미시적인 수준에서는 올바른 논리를 거시적인 수준에까지 맹목적으로 밀어서 확대하므로 성립이 된다.

만의 하나 절대적으로 해만 끼치며 악만을 행하는 존재라면 그 존재를 근절시킨다는 것이 옳은 일이지 모른다. 그러나 선악善惡, 해와 이익이 표리일체가 되어있는 존재를 말살한다는 것은 옳은 일은 아니라고 본다.

이는 자연계에 한정되는 것은 아니다. 인간 사회에서도 같다고 본다. 금주법이 음주에 의한 피해를 방지하고자 한 것이 이 사회에 어떠한 화를 가져왔는지를 1920년대의 미국사회가 증명해 주고 있다. 또한 일본에서도 매춘방지법의 성립 당시 이는 스크린법이기에 매춘을 근절한다는 것은 불가능하다고 비난을 받게 된 것이다. 사실은 말 그대로 매춘은 완전히 없어진 것은 아니라고 본다. 그러면서 그렇게 된 것이 오히려 더 좋았을지 모른다. 이 법이 스크린법이 아니고 만일 진정 매춘을 박멸하는 것이라면 일시적으로 그것에 성공했다해도 그 후 무엇인가 무슨 일이 일어났을까? 아마도 그것은 매춘 박멸론자도 결코 바라지 않았던 사태로 되었을지 모른다.

인간 사회는 근절해야 될 악과 악인이 과연 존재하는지 아닌지 이에는 의문이 생긴다. 어떠한 악행이나 악인도 거시적인 시야에서는 변증법적으로는 시인되는 존재로 돼있지 않은지. 악을 금하고 악행자惡行者를 제재한다는 것까지는 좋다해도 그것이 제노사이드까지 도달된다면 인간이 인간에 대한 월권행위가 되지는 않는지?

다행히 대부분의 사회에서는 지극히 특수한 행위만 죄형법정주의罪刑法定主義에 의해 제재되는데 불과하다. 그러나 역사상 때때로 편협한 가치체계로 엄격 주의자들이 위정자로 등장해 그 가치체계를 용인하지 않은 것을 말살하고자한다. 광신적인 종교사상 내지는 종교적 사상 신봉자가 위정자로 될 경우 대체로 예외 없이 그렇게 된다. 일찍이 기독교의 말살을 시도한 로마의 여러 황제, 또는 신교도를 성팔테미날에 학살된 샤를 9세이거나 가까이는 공산주의자들과 반공주의자들이 도처에서 비슷한 짓을 한 것이다.

인류사에 있어서 사회전체가 가치체계에 관해 완전한 의견일치를 실제로 성립시킨 예는 없다. 아마도 이런 것을 바라는 쪽이 무리인지도 모른다. 윤리를 생각해 낸 칸트가 도달한 결론은 윤리는 형식에서만 성립된다고 했다. 그럼에도 불구하고 개개의 사람들은 그 무엇인가의 가치체계를 갖고 있지 않으면 안 된다. 그런 점에서 사람들은 자기의 가치체계가 개별적이라고 하는데 만족할 것을 배워야 된다.

어느 기업이든 마음에 들지 않는 관리자가 있게 마련이다. 이는 예외 없이 자기의 가치체계의 상대성을 배우지 못한 인물로 봐야 될 것이다. 10명의 인간을 관리하는 인물은 적어도 열까지의 가치체계를 인식하고 있어야 된다고 한다. 자고로 큰 인물의 특성의 하나로 "청탁불문"이라는 말이 거론돼 왔다. 말하자면 다양한 가치체계를 인정한다는 것이다.

인류가 자연을 대하는 것을 보면 인간의 가치체계를 자연 전체에 밀어붙이고자 하니 또한 청탁을 가리지 못하는 것을 배우지 못한 것 같다. 그럼에도 불구하고 사람들은 이 거대한 자연의 관리자가 되고자 한다. 세상이 이대로 간다면 마음에 들지 않는 관리자가 돼 자연으로부터 모든 쓴맛을 입게될 것이다.

기생자와 숙주

모든 생물은 기생자를 갖고 있다

자연계에서 기생寄生이라는 현상을 배제하고는 생각할 수는 없다. 대부분의 생물들이 기생자寄生者를 갖고 있다고 생각해도 지장이 없다는 생각을 해도 된다. 기생자를 갖고 있지 않은 생물을 찾는 데는 박테리아 수준까지 내려가야 할 것이다.

예를 들면 한 마리 새를 들어보자. 새에는 여러 종류의 진드기, 이, 벼룩, 거머리, 조충條虫, 유충류濡虫類, 회충, 흡충, 수면병충, 설형류舌形類, 나선균, 편모충, 아메바와 같은 무수한 기생자들로 얽혀져 있는 것이 보통이다. 그 수가 너무나도 많다는 것을 한 예로 들어보면, 56종의 새 집을 조사한 결과 절지동물節肢動物만도 529종이나 된다는 보고가 있다. 한편 수의 다과에 대해서는 한 마리의 마도요(겨울철새)로부터 1,000마리 이상의 이가 발견됐다는 것이다.

인간에 있어서는 문명권에서는 이나 벼룩을 퇴치하여 회충과 같은 기생충이 거의 없어졌으므로 기생자를 찾기란 힘들 것으로 생각이 드는 사람이 많다고 보나 이는 착각이다. 인간의 체내만 해도 도처에 기생자가 있다. 소화기관, 분비기관, 폐, 근육, 신경 등에 우글거린다. 기생자라면 반드시 회충이나 디스토마와 같은 대형 벌레만을 지칭하는 것이 아니며 대장균과 같은 균류菌類도 포함이 된다.

사람들은 보통 때에는 기생충에 관해 별로 관심을 갖지 않고 있다. 때때로 기생자가 단지 기생하고 있다는 데 그치지 않고 인체의 조직이나 기관의 작용을 그르치게 하는 것이다. 이럴 경우 인간에게 병이 되며 이들 기생충은 병원체로 이름 붙여지게 된다. 그리고 인간은 병원체를 추출하기 위해 힘쓰게 된다.

어리석은 기생충 — 인간

병은 기생자 박멸에 대한 실패라고 하겠다. 교묘한 기생자들은 숙주宿主를 죽이지 않을 정도로 달콤한 즙을 빨고 살아간다. 숙주를 죽이고 나면 자신도 피할 길이 없기 때문이다.

병원체 미생물은 때때로 위세를 떨쳐 발병을 유행시킬 수가 있다. 그러나 어떠한 질병도 그렇게 오래도록 지속되지는 않는다. 숙주의 죽음에 당해 있으면 자신도 죽게되기 때문이다. 숙주가 죽지 않는 사이에 또 다른 숙주로 옮기려고 해도 주변의 인간들이 픽픽 쓰러져 서식밀도가 낮아지므로 그렇게도 안 된다. 그러한 상태에서 질병은 종식이 된다. 병원체 미생물에 의한 질병은 오래 전부터 있었다. 그러나 이것이 유행병이 된 것은 인간이 도시를 만들어 인구밀도를 증가시켜 기생자가 숙주 사이를 이동하기 쉬운 환경으로 만들어 주었기 때문이다.

가축이나 농작물 사이에서는 돼지콜레라, 뉴카레도니아병, 도열병과 같은 유행병이 멋대로 발생하고 있으나 자연숲이나 자연초원의 동식물에서는 별로 유행병이 창궐하지 않은 것도 같은 이유에 있다고 본다. 가축이나 농작물을 위해 사람이 만든 단일의 환경은 병원체 미생물에 있어서도 적절한 환경이 되고 있다고 보는 것이다.

기생이라는 뜻을 넓게 해석해 본다면 사람 또한 자연계에서의 위치는 기생자에 불과하다는 것을 알게 된다.

인간이라는 기생자는 자연이라는 숙주에 기생하고 있으므로 자연을 죽이지 않을 정도로 이용해야 할 것이다. 병원체 미생물과 같이 숙주의 생명을 파괴하는 것과 같은 과오를 범 해서는 안 된다. 그 까닭은 숙주를 바꾸고자 해도 바꿀 수 없기 때문이다. 이미 지구의 자연은 병에 시달리고 있다고 본다. 이 정도에서 독소배출을 인간이 멈추지 않다면 원금도 이자도 없어질 것이다.

약자는 비겁하게 살아라

상리공생相利共生과 편리공생偏利共生

기생에 관해 공생이라는 관계가 있다. 공생에는 가지가지의 수준이 있다. 가장 이상적인 공생관계는 상리공생, 또는 흔히 상호부조相互扶助라고 한다. 두 종류의 생물이 서로 이익을 주는 동시에 이익을 서로 챙기는 대등한 상대관계라고 본다. 공생 중에도 기생에 가까운 것을 편리공생이라고 부르고 있다. 한쪽 생물은 이익을 얻고 있으나 또 다른 한쪽은 이익도, 손해도 받지 않는다는 관계인 것이다.

현실적으로 전개되고 있는 생물간의 관계는 각각 베풀면서 이익과 해가 미묘하게 다르므로 무엇이 상리공생이며 어느 것이 편리공생인지를 분간 못하는 경우가 많다고 본다. 고래의 피부에는 따개비가 붙어있다. 고래는 따개비가 붙어있으나 없으나 별 상관없지만 따개비는 고래의 몸에 붙어있으므로 이동 편의를 제공받고 있다. 이동이 가능하면 새로운 먹이 장소를 얻게 된다. 게의 등 쪽에 붙어있는 말미잘이 있다. 말미잘은 그들에 의해 이동의 편리를 얻게 된다. 그러나 이 경우 게도 말미잘에 의해 몸을 숨길 수 있는 위장僞裝이 가능하게 되는 편의를 제공받는다.

콩과 식물의 경우 뿌리에 혹이 있어 그 곳에 박테리아가 살고있다. 이 박테리아는 양분을 콩으로부터 얻고 있으나 그 대신 공기 중의 질소를 고정해 식물이 흡수할 수 있는 질산염의 모양으로 바꾸어주게 된다. 그러나 박테리아가 기생하는 혹의 수가 많아지면 콩은 고사枯死하게 될 것이며 물론 그 결과 박테리아도 같이 죽게 된다.

말미잘이나 해파리는 가시있는 촉각으로 생물을 잡아먹게 된다. 그런데 이 촉각 사이에서 살아가는 작은 물고기가 있다. 이들 물고기는 촉각에 의해 잡아먹히지 않으며 오히려 자신의 몸을 보호받고 있다. 그렇게 하면서 보다 큰 물고기를 유인하는 역할을 다하고 있다고 한다.

상어의 주변에 회유하고 있는 파일럿물고기도 같은 관계에 있다. 다른 물고기를 끌어들이는 역할을 하는 것과 동시에 상어의 보호를 받으면서 먹이 찌꺼기를 얻어먹고 있다고 본다. 아프리카 산에 있는 한 들새는 꿀벌의 집을 발견해 이를 오소리에게 알려준다고 한다. 오소리는 꿀벌집을 급습 해 이를 갈기갈기 찢어 꿀벌을 전멸시킨다고 한다. 야생 조류인 꿀가르침새는 꿀벌의 침이 두려워 그때까지 기다리고 있다. 꿀벌이 전멸된 후에 천천히 집 속의 벌꿀을 탐닉한다.

동물과 식물 사이에서도 상호부조相互扶助의 관계가 얼마든지 있다. 나비와 꿀벌이 꿀을 구하기 위해 꽃으로 모여든다. 꽃에서는 꿀을 제공하는 대신 꽃가루를 곤충의 몸에 붙어 가루받이受粉를 하게 된다.

윤리는 하나가 아니다

기생보다 공생, 편리공생보다 상리공생이 더 좋다고 해도 별것 아니라고 본다. 인간의 깜찍한 윤리관을 들이댄다고 해서 얻어지는 것은 아무것도 없다. 자연은 인간이 생각하는 것보다 엄격하다. 윤리를 들이댈 수가 있는 것은 힘의 관계가 대등할 때에 한정되지 않을까라고 생각해 보게 된다. 약자는 약자대로 최선을 다해 살아가야 할 것이다. 그러기 위해 어떤 자는 간교함을 배우고 어떤 자는 비열卑劣함을 선택하며 어떤 자는 떳떳함을 깨닫기도 하지만 어떤 자는 그렇지 않기도 한다.

대체로 윤리적인 동물인 인간에 이어서라면 종이 다른 동물에게 대할 경우 갖은 방법으로 비열한 수를 써서라도 부끄러움을 느끼지 않는다. 대부분의 수렵법을 본다면 그것이 예외 없이 속임수요, 어둠을 이용하든지 하는 수법이라는 것을 알 수가 있다.

인간은 자연계에서 약자라는 존재이기에 수많은 비법卑法을 쓰면서 종족을 이어왔다고 본다. 인간이 종 사회種社會 안에서 윤리를 부르짖게 된 것은 이들 습성이 종 내種 內 관계까지 파고들어 가므로 예상되는 사태를 몸이나 기氣에 소름이 끼치게 될 정도의 것이라고 느끼게 된 까닭인지 모른다. 그러나 아무리 성인군자들이 윤리를 소리 높여 외쳤다 해도 오랜 세월 익혀진 습성을 크게 감출 것도 없이 역사는 악덕으로 충만돼 왔다.

인간에게 미덕이 있다는 것을 부정하는 것은 아니지만 이와 비슷하게 악덕의 천성이 같이 하고 있다는 것을 잊어서는 안 된다고 본다. 비둘기와 같이 솔직한 것과 동시에 뱀과 같이 교활하지 않으면 이 세상을 살아나갈 수가 없다고 본다. 의식주가 족해 예의를 안다는 것이 도리이며 의식주가 족하지 못할 경우는 예의는 제쳐놓고서라도 삶을 구하는 것이 인간의 생물적인 본능이라고 본다.

실제로 세상사를 본다면 아름다운 상리공생相利共生 관계는 아니면서 기생으로부터 공생관계에 이르며, 때로는 간교하게, 또는 야비한 관계가 인간사회 속 도처에서 전개된다는 것을 알게 될 것이다.

이것을 윤리의 이름 하에 비판한다는 것은 정도의 이야기가 아니라고 본다. 같은 인간끼리의 약자와 강자 사이에는 종이 다른 동물사이에서 보는 것과 같은 격차가 있다. 이 격차를 무시하고 같은 윤리를 강요할 수는 없다고 본다.

약자는 허세부릴것 없이 약자답게 살아가는 것이다. 아첨하는 것도 좋고 남의 다리 걸기도 좋고 속이는 일도 좋다. 강자에 붙어 달콤한 즙을 빨아먹는 것, 겁도 없이 비열하게 살아가면 된다. 이와 역으로 강자는 온몸 가득히 따개비 조개를 붙여서 유유히 대해를 누비는 고래와 같이 또는 고래처럼 약자의 달콤함과 비열을 허용할 것이다. 강자다운 것, 자신에게 기생해오는 약자에게는 속 좁은 면을 보여서는 안 된다. 강약의 중간에 자리해 있는 자가 있다면, 그는 서로 돕는다는 정신으로 즉, 상리공생적相利共生的인 삶의 방법을 선택하는 것이 타당하지 않을까 하는 생각이 든다.

8

생존을 위한 생태학

비슷한 것끼리는 벅찬 상대

가우스의 가설

가우스(G. F. Gause; 1934)의 가설이라는 유명한 법칙이 있다. 러시아의 생물학자 가우스는 같은 배양액 속에 두 종류의 짚신벌레를 번식시키려고 했으나 결국 성공하지 못했다. 반드시 한 종은 죽으며 한 종류만 살아남게 된다. 이것으로 속屬을 같이 하거나 속은 달라도 생태적지위生態的地位가 유사한 생물은 같은 장소에서는 살수가 없다는 가설을 가우스는 수립한 것이다. 그 후의 연구로 이 가설이 반드시 성립되지 않은 경우가 알려지게 됐다. 그러나 적어도 생물 종간에는 근연종近緣種사이 일수록 극

심한 경쟁이 전개된다는 것이 사실이라고 보고있다. 생각해보면 이는 당연하다고 말할 수가 있다. 경쟁이 성립한다는 것은 경쟁자 사이에 같은 씨름판이 존재할 경우에 한정된다. 생물의 경우에서 말한다면 먹이와 서식지가 저촉抵觸되지 않으면 그리 큰 경쟁을 하지 않아도 될 것이다.

돌돔들 사이에서는 복잡한 먹이연쇄의 그물눈이 있어 무모한 경쟁은 잘 비켜나가게 된다. 그 중 사람만은 되는대로 다양한 먹이에 손을 대므로 온갖 동물과 경쟁하게 된다. 그리고 원래 그 먹이를 먹고살던 동물 모두를 해충, 해로운 짐승으로 취급하므로 동물들의 입장에서 본다면 여간 성가신게 아니다.

인간을 제외한다면 동물들은 각각의 먹이로 잡아먹고 또한 이동의 자유를 갖고 있으므로 경쟁을 하지 않고서도 공존이 가능하다. 그러나 식물에 있어서는 이야기는 달라진다. 식물은 이동의 자유가 없다. 그리고 어느 식물이든지 땅 속에서 양분을 빨아들여 태양광선을 받아 동화작용同化作用을 하고 있다. 여기에서 식물계는 가장 심한 경쟁이 전개돼가고 있다. 미야와기 교수가 잡초군락雜草群落에 관해 조사한 바에 의하면 $1m^2$ 당 공터에서 발아한 잡초는 전부 1만7,076개나 되었다고 한다. 그러나 이 중 종자를 생산할 수가 있는 크기로 성장한 것은 불과 76개 였다고 한다. 나머지 1만 7,000본은 거기까지 자라기 이전에 고사枯死되고 말았다는 것이다. $1m^2$ 토지에 있는 수분, 양분, 입사광入射光은 한계가 있는 것이다. 이들은 빠르게 성장해 이들의 소유권을 차지한 자만이 살아남게 된다. 식물들 중에는 경쟁에서 이기기 위해 다른 식물의 성장을 저해하는 종도 있다.

식물형 봉급자의 경쟁은 음습陰濕

이 분야도 인간 사회에 있어서의 경쟁현상과 유사한 점이 있다는 이야기이다. 이겨내기 위해 자신이 강해져야 되는 것 외에 상대의 다리를 잡아 챙기는 경우가 있을 것이다. 봉급생활자 사회에서의 경쟁은 기본적으로 같은 장소에서 같은 양분을 빨아들이는 식물적인 경쟁과 같다. 전직轉職의 시대라는 것이 입에 오르내리고 있으나 우리 사회에서는 노동시장의 유동성이 빈약하다고 본다. 이동이라는 것이 힘든 이상, 기업 내의 볕이 잘 들어오는 곳은 한정돼 있으므로 그 경쟁은 음습하며 치열하기 마련이다. 무슨 수를 써서라도 경쟁에 이기지 않으면 식물사회에 있어서 키가 작은 저목층低木層이나 저생식물低生植物과 같은 입지立地를 감수하면서 일생을 보내야만 할 것이다.

그러한 경쟁이 싫으면 식물형 봉급쟁이로부터 동물형 봉급자로 바꿔어야 할 것이다. 전직으로 이동해 자리를 바꾸는 것이 하나의 방법이 될 것이다. 또 다른 방법으로 다른 사람이 먹지않는 먹이를 노리는 것으로 경쟁을 회피하는 방법이다. 즉 스페셜리스트(특수 기능자)가 적은 분야에서 스페셜리스트가 되는 것이다.

과밀過密과 과소過疎 모두가 유해

과밀사회에서도 호모가 늘어난다

동물 집단에는 생존을 위해 적절한 밀도가 있으며 개체수가 그 이상이 되거나 그 이하로 준다는 것은 좋지 않다고 본다. 특히 과밀이나 과소過疎는 치명적이라고 하겠다.

과밀이 좋지 않은 것은 우선 먹이 부족에 빠지게 된다는 것이며, 이는 앞의 먹이연쇄에서 언급한 대로다.

과밀의 해는 그것만이 아니라고 본다. 한 예로 굴 양식을 할 때 굴의 유생幼生을 뿔뿔이 흩어놓는다. 자연 그대로의 상태로 둔다면 같은 장소에 무수히 붙어 극히 일부만이 정상으로 성장해 나머지는 서로가 어우러진 장소에 몸을 합쳐져 가느다란 체형으로 살아남는 데 힘쓰고 있으나 나중에 가서는 개체 수 과잉으로 죽게 된다. 지금은 그렇지 않으나 과밀한 도회지 어린이들이 속된 말로 창백하고 빈약한 체형을 지니는 것과 흡사한 현상이다. 그러면서 지금은 세상이 많이 달라져 비만형이 오히려 도시형에 속하고 있다.

과밀상태는 개체간의 스트레스를 증가시켜주고 있다. 그 결과 여러 가지 신체적 장애가 일어나게 된다. 미국의 필라델피아 동물원에서는 어떤 동물을 번식시키려는 계획으로 자꾸만 늘어나므로 이에 따라 동물의 심장병이 배로 늘어났다고 한다. 스트레스의 결과로서 어떤 동물은 생식능력이 감퇴되며 어떤 동물은 성장 속도가 줄게 됐다고 한다. 이제까지는 동족을 잡아먹지 않았던 동물이 밀도가 어느 수준 이상 높아지니 공식(서로 잡아먹기)까지 하게 되는 모습이 종종 관찰됐다고 한다. 때로는 집단 발광發狂이라도 한 것처럼 물에 뛰어들어 집단 자살을 시도하는 동물도 있다.

최근 미국이나 일본의 대도시에서 동성애同性愛자들이 늘고 있다는 이야기를 들게 되나 실은 동물들 사이에서도 과밀에 의해 정상적인 성애性愛를 할 수 없게 되자, 동성 연애로 빠지게 된다는 것이다.

스트레스 병, 공식, 집단 발광, 동성애, 그 어느 것이나 도쿄를 위시해 대도시 주민들 사이에서는 이미 일어나기 시작한 현상은 아니지 모른다.

홀로 살아가기란 힘든 일

한편 과소過疎 또한 문제가 있다. 사회생활을 하는 동물은 유전정보만으로는 생존에 필요한 지식을 충분히 얻기 힘들다고 본다. 예를 들어, 원숭이를 한 마리만 키운다고 하자. 처음에 격리시켜 두었다가 그 후 원숭이를 집단 속으로 넣어주어도 이 원숭이만은 정상적인 성행위를 할 수가 없다고 한다. 또한 야산의 식물 속에서 먹이식물을 선택할 수가 없게 된다고 한다.

고등동물일수록 유전정보보다 사회정보 쪽에 더 중요한 의미를 갖고 있다. 인간의 경우 사회정보로부터 전적으로 격리된 상태에서 키워진다면 어떻게 될지는 2, 3의 늑대 소년의 실례 보고가 있으나 어느 것이던 인간다운 인간으로는 되돌아오지 못했다. 오리너구리는 15마리 이상만 있으면 늑대와 같은 동물이 기습해 와도 한 무리로 뭉쳐 공격으로부터 몸을 지키고자 해 그 피해를 최소한으로 막을 수가 있다고 한다. 그러나 12, 3마리 이하의 개체수가 되면 습격을 당할 경우 끼리끼리 흩어져서 도망가지만 결국은 차례로 늑대의 먹이가 되고 만다는 것이다.

또한 바퀴 종류 유충은 덩어리로 돼 차나무나 동백의 잎을 먹는다. 그런데 이것을 두 세 마리씩 분리해 잎에 놓아주면 잎을 잘 갉아먹지 못하며 결국 죽게 된다.

동물이 집단을 만드는 것만으로도 얻어지는 이익은 여러 가지가 있다. 공동으로 먹이를 구하는 것이나 적으로부터 자신을 보호한다는 것 이외에도 생각지도 못한 상리작용相利作用은 얼마든지 있다.

예를 들어 수은水銀 콜로이드 용액속에 금붕어를 넣어 몇 분 후에 죽는지를 측정해본다. 금붕어를 10마리 넣었을 때와 한 마리 넣었을 경우 다른 조건은 같이 한다 해도 놀랄 정도로 다르게 나타난다. 10마리 쪽이 평균 507분, 한 마리 쪽이 겨우 182분 생존한다고 한다. 이는 금붕어의 몸에서 나오는 분비점액이 독물을 흡착하기 때문이며 10마리 넣은 쪽이 그 덕으로 독성이 비교적 완화된다고 본다.

꿀벌의 집 내부가 더워지면 다수의 벌들이 일제히 날개 짓을 해 밀방蜜房의 환기를 한다. 편충류扁虫類는 태양의 자외선으로부터 몸을 지키기 위해 덩어리 모양으로 엉켜서 각 마리마다 체표면적을 줄이게 한다.

동물의 학습속도도 집단을 형성하고 있을 경우가 더 빠르다는 것이 알려져 있다. 사람도 가정교사보다 학교 쪽이 학습효과가 오르게 된다.

식물의 종자를 뿌리는 것도 야채종자는 5, 6알씩 모아뿌리고 있다. 한 알씩 헤쳐서 뿌리는 것보다 그렇게 함으로써 생육이 더 잘되기 때문이다.

이사하는 지혜

동물은 적정 밀도를 유지하기 위해 다양한 수단을 강구하고 있다. 과밀의 경우는 집단 자살이나 공식(서로 잡아먹기), 성장 속도나 생식능력을 늦춘다는 것도 그 하나의 수단이라고 보나 우선 손쉬운 것은 옮겨가는 방법일 것이다.

교도대학의 모리시다森下교수는 몇 개의 나란히 된 연못이 있는 장소에서 애기소금쟁이의 번식을 관찰했다. 소금쟁이는 가장 생활 조건이 적절한 장소에 머물게된다. 그곳이 만원이 되면 다소 조건이 나쁜 장소로 터전을 마련하는 놈이 나오게 된다. 이것 또한 일정 밀도가 넘으면 다른 조건이 나쁜 장소로 옮겨살게 된다. 모리시다씨는 또한 개미지옥에서 이런 실험을 하고 있다. 개미지옥은 일반적으로 모래땅을 좋아한다. 이것을 절반은 고운모래에서, 절반은 거친 모래를 준비해 개미지옥 벌레를

길러본다. 처음의 몇 마리는 예외 없이 고운모래 구역에서 살게되며 그러나 고운모래 구역에서 마리 수가 일정수 이상 늘어나면 이번에는 거친 모래구역으로 옮겨살게 된다.

대도시 주변에 있어서 인가의 과밀과 비유해보면 흥미가 있다. 다른 조건이 아무리 좋아도 과밀상태라는 것은 주거로서의 가치를 떨어뜨리게 되는 것이다.

텃세와 서열

텃세 선언

동물사회에서는 종내種內질서를 유지하기 위해 텃세勢力圈를 만들게 되는데, 이것은 순위順位를 정하거나 혹은 이를 병용하기도 한다.

텃세에는 개체끼리의 경우, 암수를 갖고 있을 경우, 집단이 되는 경우 등으로 나누게 된다. 개체가 갖고 있는 텃세로 유명한 것은 은어 무리의 텃세라고 하겠다. 봄이 되어 강을 따리 올라온 은어銀魚는 일정 장소를 정해 그 안에서만 먹이를 얻게된다. 텃세 면적은 3 m^2에서 0.3 m^2 정도이다. 이들은 서로가 텃세를 존중해 다른 은어의 몫인 먹이를 쫓은 일은 없다고 한다. 경계선을 뚫고 침입하는 은어가 있으면 이를 추방하게 된다.

북극이나 고산에 살고 있는 뇌조雷鳥라는 새는 순위성順位性을 변용하고 있다. 4, 5월의 번식기가 오면 같은 산에 살고 이때 수컷 뇌조는 전부 산 정상으로 모여든다. 여기에서 순위가 정해진다고 한다. 새들이 순위를 결정하는 것은 쪼는 것이다. 쪼는 쪽이 우위이고 쪼임을 당하는 쪽이 하위이다. 다른 모든 것을 쪼아 그 누구에게서도 쪼이지 않는 것이 제1위이며 이런 식으로 순위가 정해진다. 다른 전원으로부터 쪼이기만하며 하나도 쪼지 못하면 최하위 자리가 된다. 이는 절차가 번잡해 하나의 산 속 뇌조 사이의 순위를 정하기까지는 20여 일간이나 걸린다고 한다.

순위가 정해지면 제1위의 것이 산 정상, 2위는 그 바로 아래로 자리하는 식으로 위로부터 텃세 순위가 결정이 된다. 텃세가 정해지면 암놈을 자신의 텃세 내로 끌어들여 일꾼으로 만든다. 사역자가 된 후에는 암컷도 텃세에 적극적으로 협조하며 방어하게 된다. 새들은 대체로 일을 부리는 것으로 텃세를 유지하게 된다. 그렇다기보다는 텃세를 못 갖고 있는 수컷에게는 짝이 돼 주는 암컷이 없다고 한다. 이 정도에서 인간의 암컷은 집이며 자동차가 따르고 이것저것 조건을 붙여서 수컷과 접하며 일단 가정을 구성한 다음 텃세 방위에 헌신하는 것과 비슷하다고 보면된다.

집단이 갖는 텃세는 원숭이 사회에서도 볼 수가 있다. 숲 속에서 원숭이가 큰 소리로 외쳐 대는 것은 자신들의 텃세를 주변에게 알리기 위한 것이 된다. 이들 범위는 17마리의 외침 원숭이 집단으로 0.5 km^2, 한편 40마리의 비비(호색가)집단에서는 39 km^2 라는 보고가 나와있다. 원숭이만이 아니라 북극 이리의 집단도 한 무리가 100평방 마일이나 되는 텃세 범위를 갖고 있다. 그리고 이 텃세 주위를 정기적으로 순회하면서 경계선에 배설물을 뿌리며 다닌다. 개들이 전신주에 오줌뿌리기도 같은 텃세 알리기를 위한 것이라고 보면된다.

사람을 쓸 때는 텃세를 부여하라

다른 모든 동물에 비해 뛰어난 사람은 텃세는 귀찮은 존재가 될 수가 있다. 크게는 국가와 국가사이의 텃세勢力圈라면 바로 살생과 같은 전쟁으로 이어진다. 이어 지방자치단체, 관공서, 각 부처에서 심지어 개인에 이르기까지 모두가 텃세라는 것이 정해져 있다. 흔히 직장의 텃세 근성을 지면으로 비판하는 신문사나 여론에서도 내부 텃세경쟁이 있다고 본다. 사회부, 경제부, 정치부 등 각각의 부서에서 쓸데없는 간섭을 받게 되면 바로 시비로 이어진다.

집안에서도 텃세가 있고 이웃집 개가 집안에 들어오거나, 이웃집 나무의 낙엽이 내 집 마당에 떨어지면 언쟁으로 번지게 된다. 주인의 애인에게 "이 도둑고양이 같은…" 식으로 덤벼든다면 아내는 애정만이 문제가 아니라 텃세를 침략 당했다는 분한 마음이 크게 작용하게 된다. 집안에서도 고부간의 갈등 또한 텃세 다툼이 될 수 있을 것이다. 엄마가 아기의 책상 서랍을 열어본다는 이유로 분개하는 어린이도 텃세를 침범 당했다는 분노의 표출이다.

이 정도로 인간의 본성에 깊이 뿌리박고 있는 텃세 근성은 역시 신중히 다뤄야 할 것이다. 텃세 없이 사유재산을 부정하는 사회적인 시도는 이제까지로 보아 크게 실패하고 있는 것도 이들 텃세 본성에 위배되기 때문으로 본다. 그런 의미로는 공산주의나 "인민공사"도 같은 과오를 범하고 있다. 또한 같은 의미로 성의 해방이라는 가족제도의 파괴도 꿈과 같은 이야기로 종식될 것이다.

이런 텃세를 역으로 이용한다면 사람을 부리기도 쉬어진다. 어떤 무능한 인간이라도 그 사람 나름대로 텃세를 설정해주어 텃세를 존중해 침입하지 말고 그 속에서는 주권을 구사하게 한다면 대개의 사람들은 즐겁게 일하게 된다(예, 완장 채우기 등). 사람 다루기가 능숙한 사람의 사람 부리기를 본다면 예외 없이 이들 텃세 본성을 잘 이용하고 있다고 하겠다.

순위가 유지되는 집단 질서

텃세(Territory)를 가로의 병렬적竝列的인 관계라고 한다면 순위는 세로의 상하의 관계라고 하겠다. 원숭이의 사회는 순위성은 엄격하다고 알려져 있다. 상위의 원숭이는 채식採食 성교性交 등 모든 점에서 우선권을 갖게 된다. 하위의 원숭이가 성교 중 상위의 원숭이가 접근해오면 하위의 원숭이는 행위를 중단하고 암컷을 그대로 두고 도망칠 정도이다. 원숭이의 순위 설정은 올라타기라는 동작에 의해 행해진다. 두 마리의 원숭이가 서로 만난다. 열위劣位의 원숭이는 몸을 뒤로 돌린 자세로서 네 다리를 뻗치고 엉덩이를 내밀게 된다. 이를 태위 또는 프리젠팅(Presenting) 이라고 한다. 우위優位의 원숭이는 천천히 그의 등 위로 앞다리를 걸치게 된다. 즉 성교性交의 체위와 같은 자세를 취하며 열위의 것은 암컷의 위치로 서게 된다. 이들 어느 쪽의 원숭이도 성교를 하지 않을 경우는 싸움이 시작된다. 그리고 패배한 것이 프리젠팅하게 된다.

소는 뿔을 서로 부딪쳐서 순위를 결정한다. 각 나라마다 지방에서 행해지고 있는 투우는 이러한 순위 싸움順位戰을 구경거리로 한 것이다. 사슴도 뿔로 서로 부닥치며, 닭은 쪼기 순위(Pick order)를 정하게 된다.
일단 결정된 순위는 대체로 바뀌지지 않는다. 그리고 생활의 모든 면에서 이 서열이 반영돼있다고 본다. 닭이라고 하면 먹이 얻는 방법은 물론 닭장에서 잠자는 장소까지도 순위를 무시할 수가 없다.

올라타기(Mounting)나 쪼기 의식은 순위를 확인하기 위해 자주 행해지고 있다. 그것에 의해 하극상下剋上도 없이 집단의 질서는 안정되고 평화로운 생활이 유지돼 나가고 있다.

복잡한 인간의 순위성

인간사회의 순위성은 동물사회 중 가장 복잡하게 구성이 돼 있다.

인간은 자가의식 과잉의 동물로서 어떻게든 뒤지지 않는 비대된 자존심을 지니고 있다. 따라서 집단의 질서를 유지하기 위해 가장 효과적인 방법은 이들 자존심을 엄밀한 순위 매기기로 누르는 것도 아니며 복잡괴기複雜怪奇하고 애매한 순위제順位制속에서 되도록 만족스러운 자존심을 충족시켜 주도록 돼있다.

동물 모두가 힘 하나로 순위를 정해버리고 마는 경향이 있으나 인간은 순위결정의 종목을 되도록이면 많이 만들게 한다. 개인의 의식 속에서는 그 종목이 비 공인의 것에 이르기까지 확대돼, 그 결과 어떤 사람과 다른 사람이 자기와 비교한다 해도 이점에 대해서는 자신이 위라는 종목을 갖게 돼있다.

종목이 많아져 이번에는 그 종목의 순서 정하기가 문제로 된다. 재력財力과 지력知力에서는 어느 쪽이 상위인지 감정의 풍부함과 통솔력에서는 어떠한지, 입는 것에 대한 센스와 미각의 센스에 대해서는 어떠한지, 하는 정도이다. 종목간의 순서 매기기는 각각의 사람의 가치체계를 만들게된다. 사람들 사이에서 가치체계와 관련해서 항상 의론議論이 달라지는 것은 당연하다고 하겠다.

좌우간 이렇게 사람들은 각각 다른 가치체계 사이에서 의미로 순서 매기기를 즐기며 여기에 더해 적당한 텃세를 자신의 주변에 만들고 자존심을 만족시켜 평화로운 삶을 즐기게 된다고 본다.

인간사회에 있어서 순위제로 비교적 보편성이 있는 종목은 소속 조직에 있어서 권력 순위와 수입액에 의한 재력 순위라고 본다. 이 두 종목에서 하위로 된 것은 자존심을 만족시키지 못하는 콤플렉스를 갖게 되기 쉽다.

콤플렉스를 피하는 수단은 두 가지뿐이다. 하나는 죽기 아니면 살기로 그 순위전順位戰에서 승리해 상위로 오르는 것, 또 하나는 이 두 종목이 하위로 처지는 것의 가치체계를 독자적으로(또는 중간과 공동으로) 만들어 이를 신봉하며 두 종목에 걸림돌이 되는 자들은 무시해 버리는 것이라고 본다. 만약 이 두 가지 방법 중 하나를 택하라고 한다면 아마도 어느 쪽이냐 하면 후자 쪽이 편하고 쉬울지 모른다.

들고나기가 심할수록 생활은 풍족

생물 경제론

생태학生態學의한 분야로 '생물 경제론' 이라고 부르는 분야가 있다. 생태계에 있어서 물질, 에너지의 이동을 수량적으로 파악하고자 하는 학문이다. 예를 들면 동물에 있어서 물질교대物質交代를 다음과 같은 수식으로 생각할 수가 있다.

섭식량 − 불 소화 배출량 = 동화량

동화량 − 호흡량 = 성장량

호흡량呼吸量은 생활에 쓰여지는 에너지라고 본다. 호흡량 이상의 동화량同化量이 없으면 적자경제로 파산하게 된다. 마이너스의 성장량이 이어지는 결과로 그 생태계는 죽게 된다. 이는 식물에서 빛이나 염류의 부족, 동물에서는 섭취량의 부족 등으로 유지하게 된다. 환경조건의 악화가 일어나게 될 경우나 노쇠기에 들어갔을 때이다. 성장량이 플러스를 보이는 것은 미성숙의 시대에만 한 한다. 이들은 어미로 되면 동화량과 호흡량은 균형이 이루어져 성장량은 제로 상태가 이어진다.

같은 성장량이 제로의 상태에서도 두 가지 경우가 있다. 그 하나는 동화량이 크며 호흡량도 클 경우와 또 다른 하나는 동화량, 호흡량 다같이 적을 경우를 관찰 해보면 전자의 타입일수록 진화의 정도가 높으며 이들의 생활활동도 풍부한 것이다. 곤충과 같은 무척추동물은 후자 타입에 해당한다. 물고기와 같은 하등 척추동물이 되면 비교적 동화량과 호흡량이 증가된다고 본다. 변온동물變溫動物이면 겨울철 긴 동면으로 먹지 않고 거의 움직이지 않으므로 좋으나 항온동물恒溫動物은 겨울에도 먹이를 구해 적절히 활동하지 않으면 안된다.

인색은 빈곤하다

한편 "몸 크기와 대사율代謝率 반비례의 법칙"이라는 것이 있다. 작은 생물일수록 중량 당 물질대사物質代謝의 비율이 커진다는 법칙이다. 몸이 적을수록 중량비蒸發量의 체표면 면적의 커지며 열의 발산이 그만큼 커지기 때문이다.

포유류에서 가장 작은 동물은 뾰족뒤쥐이다. 새끼손가락 끝 한마디 정도의 크기로 체중은 3～5 g이나 이 정도로 작으면 하루에 적어도 체중의 1.5 배는 먹어야만 한다. 많을 경우는 체중의 8배나 되는 양을 처리하게 된다. 사람에 비교하면 500 kg에 가까운 식사량이 되지 않을지. 뾰족뒤쥐에 있어서도 이 정도의 먹이를 취하는 것은 쉬운 일이 아니다. 하루 수면 2시간, 나머지는 오직 활동시간으로 지렁이 같은 것을 잡아먹으면서 1년 반 정도의 수명을 유지한다고 한다. 이는 말하자면 자본에 해당되는 현존량現存量이 작으므로 성장량이 마이너스가 되면 바로 바닥을 치게 된다. 이 점 인간의 경우 아무 것도 먹지 않아도 자신의 체력으로 10주 정도는 견디어 나갈 수가 있다고 본다. 이것이 사람의 가계와 비슷한 점이다. 가계 규모가 작은 가난한 사람은 밤도 없이 필사적으로 일해야 할 것이다. 돈 있는 자는 때때로 다소의 적자를 낸다 해도 서두르지 않으며 생활을 지속시킬 수가 있다.

1957년 수에즈운하 동란이 해결된 후 세계 해운업계는 큰 불황에 빠졌다. 중소기업은 배의 임금을 덤핑하면서도 계약 체결에 힘썼으나 세계 제일의 대 선주 오나시즈는 덤핑보다는 지입 선박을 늘려두는 방법을 선택한 결과, 날마다 4만 달러의 적자를 내고 있었다. 이 불황을 극복하기 위해 다소의 사치한 사생활을 줄이거나 하는데 대해 신문기자들의 물음에 오나시즈는 이렇게 답했다고 한다.

「바보같은 말 같지만 나는 3억 불의 재산을 가지고 있다. 하루 4만 불의 적자가 나는데 겨우 수 천불을 절약하기 위해 차를 팔아버리거나 고용인을 해고한들 무슨 도움이 되겠는가? 내 배가 놀고 있다 해도 겨우 6척 정도이다. 10척만 갖고 있는 사람 같으면 서둘러 처분해야 될지 몰라도 나는 100척의 유조선을 갖고 있지 않으냐!」

단지 부자라 해도 전적으로 저축만을 위해 힘쓰는 인간의 생활 내용은 빈약하다. 굳이 이야기한다면 생장량이 언제까지나 플러스의 상태로 유지된다는 것으로 미성숙의 성향性向을 남기고 있다고 것 외에는 없다라고 했다.

하나의 생태계 전체에 관해서도 좀 더 복잡한 수식으로 이들 계系 속에서 유기물의 총 생산량, 총 소비량은 계산이 된다. 만일 그 계系가 젊은 상태에 있다면 생산량 쪽이 크며 축적이 진행돼 이들 계는 보다 많은 소비자를 나타내는 방향으로 천이遷移되어 나가게 된다. 그리하여 생산과 소비가 균형 잡히게 되면 그 계는 생태적 극상生態的 極相으로 도달 안정이 된다. 이를 국제경제의 활동에 적용시켜보면 흥미로운 상사相似가 보인다. 외화가 자꾸만 축적되는 일본은 아직 천이 도상에 있는 젊은 나라이다. 이에 비해 달라, 파운드의 유출에 고민하는 미, 영과 같은 나라는 이미 극상極相을 지나 노쇠기에 들어간 나라라고 할 수 있지 않을까 한다.

미기후微氣候에 주의하라

생물의 분포는 환경조건에 의해 지배되고 있다. 이들 조건 속에서 기후는 매우 중요한 의미를 지니고 있다.

기후를 문제시 할 때 기상학에서 말하는 기후 이상의 중요한 것이 미기후微氣候이다. 미기후라 하면 지극히 좁은 범위의 기후조건을 일컫는다. 같은 장소에서라도 겨우 1 m 떨어진 거리에서조차 또는 지상에서 높이가 조금 차이가 있어도 온도, 습도, 통풍의 정도, 빛의 강도가 달라지게 된다.

산맥의 북쪽과 남쪽 기후조건이 확실히 다른 것과 같이 그런 곳에 적절히 버려진 돌도 북과 남의 미세한 기후를 조사해보면 역시 확실히 다르다고 하겠다. 미소한 생물의 수준에서 조사해보면 하나의 돌도 이쪽 저쪽에 따라 살고 있는 생물이 전연 다를 수가 있다.

이는 기후만의 작용이 아니라 모든 환경조건에 대해 이야기 할 수가 있다. 한눈에 같은 조건으로 보인다 해도 미시적인 눈으로 본다면 놀랄 정도의 차이가 있다고 본다.

『木曾 王龍川 昆虫』저자인 고故 가니 도기지可兒藤吉는 여러 하천에 살고 있는 곤충의 생태를 조사한 적이 있다. 이곳 수계의 곤충은 약 150종, 이것이 우선 상, 중, 하류에서 각각 다른 집단을 구성하고 있다. 이번에는 각각의 지점을 소淵의 부분과 여울의 것으로 나눠지게 된다. 이들 양자 사이에서 서식하는 종들이 확연히 다르다는 것이다.

여울의 강바닥은 대부분 자갈로 되어 있다. 그곳 돌 위에 살고 있는 것, 돌과 돌 사이에 살고 있는 것들 사이에는 뚜렷한 차이가 있다. 돌 위에는 몸이 편평한 것, 유선형의 것이 아니면 흐름에 떠 내려갈 수가 있어 살수가 없다. 돌 틈새에서는 견고한 다리를 좌우로 뻗고 있는 대형 곤충들이 돌 사이를 돌아다니고 있다.

미국 플로리다 해안에는 5종류의 해오라기가 살고 있다. 사사잉어는 맹그로브의 뿌리에 머물면서 얕은 곳으로 모이는 물고기를 기다리게 된다. 루이지애나백로들은 물고기를 쫓아 얕은 곳을 뛰어 다닌다. 백로는 단지 걸어다니는 것 밖에도 물을 휘저어 물고기를 추적한다. 분홍해오라기는 우선 물을 요동시키고 물고기를 놀라게 한다. 물 속에서 날개를 펴서 그늘을 만들고 물고기들이 안전한 은신처로 생각하고 찾아들 때, 이를 포식하는 것이다. 다리가 긴 왜가리는 다른 새들이 접근 못하도록 깊은 곳에서 물고기를 잡아먹는다.

이와 같이 비슷한 생물이라 해도 미묘한 습성 차이로 교묘하게 다른 환경을 선택하는 '분점分占'이라는 현상을 볼 수가 있다.

인간이라는 것은 한 종이면서도 그 능력, 특성 등이 놀라울 정도로 개체 차이를 갖는 생물이다. 그리고 인간의 생활 환경, 노동 환경은 일견 동일조건으로 보이는 곳에서도 미기후微氣候, 미환경微環境의 차이가 있다. 이를 잘 분별해 자신의 거처, 일터를 정하지 않으면 뭍으로 올라온 물고기와 같이 숨쉬기 힘들어서 안 된다. 노이로제가 돼 회사를 싫어하고 싶다고 하는 여직원의 책상을 재 배치하여 일정거리를 띄워 놓았더니 생기를 되찾았다는 예가 있다.

자연을 두려워하라

복잡 다양한 자연

마지막 결론으로 말하고자 하는 것은 자연을 더욱 두려워하라고 충고하고 싶다. 일부러 두려워하라는 것은 아니다. 외포畏怖할 것이라는 것을 말하고 싶다. 자연은 우리가 파악하고 있다고 생각하는 것 보다 항상 더 넓고 깊다.

나는 여기에서 "自然"이라는 어휘를 자연과학이 대상으로 하는 자연보다 넓은 의미로써 쓰고있다. 자연이라기보다 현실의 모든 것이라고 말한다면 더욱 적절할지 모른다.

자연을 파악하고자 할 때 우리는 어떠한 조작을 시도하게 되는데 그것은 추상화抽象化, 단순화單純化, 그리고 수량화가 될 것이다. 이들의 조작은 할 때마다 하고자 한 현실의 자연은 비켜져 나가며 일그러진 자연의 모델이 남게 된다.

현실의 자연은 항상 구체적이고 무한으로 복잡, 다양하며 여기에는 측정불능의 것, 즉 수량화가 불가능한 요소들이 가득하다고 본다.

인간이 직관적으로 이해하는 것은 3차원의 공간까지이다. 이것을 함수의 그래프화라는 것과 결부시켜 생각해 본다면 인간은 세 개의 좌표축으로 된 공간 속에 있는 함수만 직관적으로 파악 못 한다는 것이 된다. 물론, 직관적인 파악이라는 것을 뺀다면 차원이 얼마든지 높은 위상공간位相空間을 생각할 수가 있으며 이를 취급하는 수학도 있다.

그런데 자연과학의 실험에서는 많은 인자들이 관여하는 사상事象일지라도 다른 조건은 일정하게 유지한 그대로 변량變量은 하나, 둘 정도로 멈추게 된다.

자연과학만이 아니다. 인간이 현실을 고찰 할 때는 대체로 가변량可變量을 하나, 둘로 조정해 나머지는 판단 중지해 두는 것이다.

문명은 허구

연애심리 소설에 등장되는 인물은 언제나 연애자로서 등장하게 된다. 현실의 연애에 있어서 등장 인물은 생활자들이다. 따라서 소설의 연애에서 제기되는 갈등은 현실의 연애에서 나타나는 갈등과는 어딘지 모르게 다르다고 본다. 현실의 연애자로부터 일어나는 갈등에는 두 사람의 생활자로서 모든 배경이 얽혀져 있다. 만일 그 모두를 그려내고자 한다면 그 중 하나만을 그린다해도 백과사전 정도의 종이가 필요할 것이며 또한 시간적으로도 현실에는 한 지점에서 일어나는 것을 문장 위에서 지속적으로 써 내려간다는 조작을 가해 나가지 않으면 결국은 지리멸렬의 일이 되며 독자에게는 저자가 무엇을 쓴 것인지 모르게 될 것이다.

따라서 어떻게 얽힌 소설이라 해도 이는 수학적으로 말한다면 위상공간의 사상事象을 삼차공간으로 투영 해 본 데에 불과하다. 또한 그렇지 않으면 독자들을 이해시키지 못하게 된다. 현대소설에 있어서 "의식의 흐름" 수법은 문학에 있어서 위상수학位相數學과 같은 것이나 이들 수법의 결과는 마치 순수 수학이 순수 수학자 사이에서만 이해자를 획득할 수가 있는 것과 같이 문학 애호가 사이에서만 독자를 얻은 데까지 와 있다고 말할 수가 있다.

결국 소설이 허구에 불과한 것은 그것이 현실의 독자에게 이해 가능한 차원까지 투영되지 않으면 안 된다는 데 있다.

자연과학 또한 자연의 모델화라는 투영조작을 벗어날 수 없는 이상, 얼마나 과학적으로 보인다 해도 현실에 대해서는 일종의 허구에 불과한 것이다. 과학 위에 세워진 기술이나 기술 위에 세워진 문명도 의미로서 엄청난 허구라고 본다. 문명의 중심에서 살아가는 인간은 어느 사이에 허구 속에서 살아가는 데 익숙해져 현실의 두려움을 망각 한 것이다. 그리고 허구라는 현실 사이에서 가치관을 전도顚倒하고 만 것이다.

"불순물"이라는 말이 있다. 비교적 좋지 못한 인상을 가리키는 말이다. 그러나 잘 생각해보면 바로 알 수가 있는 것인데 현실의 자연계에 존재하는 것은 불순물이라고 본다. 현실에 있는 것을 현실 그대로 이해하지 못하고 그리고 일찍이 그대로 이용할 수밖에 없는 기술을 갖지 못한 인간이 스스로 이해하며 또한 조작이 되는 것 같은 모양으로 현실의 것을 바꾼 결과로서 만들어진 것이 순수한 것이다.

이론은 항상 순수한 것을 취급하고 있으나 기술은 물건을 현실에 조작하는 필요상 비교적 순도가 낮은 것까지 취급하게 된다. 여기에서 나타나는 괴리가 소위 이론과 실천의 거리이며 기술의 면에서 말한다면 공업화, 기업화에 수반되는 공해公害 등의 문제로 된다.

순수한 인간의 대명사처럼 쓰이는『백치』의 무이슈킨 공작은 결국 발광하지 않을 수가 없다. 순수성純粹性 위에 세워진 문명도 발광發狂 직전 단계에 와 있다. 우리들도 좀 더 불순不純하게 되고 불순한 것을 취급하는 방법을 배워야 할 것 같다.

합리주의적 낭비

좋지 않은 이미지로 "낭비"나 "얼룩" 이라는 말이 있다. 기업에서 생산성 향상 운동이라고 하면 바로 이 두 가지의 추방을 슬로건으로 내걸게 된다.

이 또한 주변의 어떤 현실이던 살펴보면 바로 알 수가 있듯이 현실은 낭비와 얼룩으로 가득 차 있다고 본다. 이에 대해 인간이 만든 것은 얼룩도 없이 낭비도 없이 실로 세련되게 합리적으로 되어있다. 말하자면 인간이 만든 것은 자연의 작품보다 훨씬 상급으로 보이게 된다. 이 또한 인간 가치관의 혼돈에 불과하다.

생태학이 몇가지 면에서 해명하듯이 현실의 자연에 있어서는 낭비적인 것은 하나도 없다. 얼룩진 것이라 해도 이들 얼룩의 차이는 현실의 요청에 따라 얼룩의 가감이라는 의미에서 역으로 현실적으로는 가장 정연整然한 것이라고 말할 수가 있다.

인간은 오히려 낭비가 낭비만으로 보이고 얼룩이 얼룩으로만 보이는 자신을 부끄럽게 생각해야 할 것이다. 역으로 낭비가 없다고 보아온 인공시스템에서 실로 놀라운 낭비를 포함하고 있다는 것을 알아야 한다. 인공시스템의 합리성은 그 시스템 내부에서만의 단면적인 합리성이라고 본다. 토털시스템(total system)의 관계 속에서 검토해 본다면 이들이 너무도 어처구니없는 비합리적인 것이 종종 나타난다.

공해기업은 합리성 추구로 공해를 낳게 된다. 그 결과 인류 전체에 대해 침해당한 건강, 자연환경의 파괴, 나아가서 인류의 생존 기반의 위기라는 무서운 낭비를 끼치게 된다. 더욱 시야를 좁혀 한 기업의 득실만을 생각해 보아도 기업 이미지의 악화, 이에 의한 노동시장에서의 인기하락, 사내에서의 도덕성의 저하, 공해 방지로 인한 예기치 못한 금전지출 등으로 처음부터 공해방지의 경비를 산출했을 때 보다 많은 손실을 내게 된다고 본다.

왜 작은 낭비를 보고도 큰 낭비가 보이지 않았는가?

이는 합리성의 추구가 일방적이라는 데 있다. 공해 산업의 경우에는 경제주의적인 합리적인 추구가 이에 해당된다. 그러나 이보다 근원적인 것은 현대문명의 근간에 알고리즘(algorithm) — 컴퓨터의 데이터를 처리하여 입력한 정보를 출력하는 모든 절차 — 이 있기 때문은 아닌지? 아무리 생각해도 우리는 헤아릴 수 있는 합리성만을 알고 온 것 같다고 하겠다.

수량화되지 않은 것을 두려워하는 일, 수량화되기 힘든 것에 대처하는 지혜를 잊고 사는 것 같이 느껴진다.

우리들이 지금 배워야 할 일은 서론에서 소개한 요리사의 칼 다루기처럼 자연이라는 뼈와 살을 결에 따라 문명이라는 칼로 다루어 나가야 할 것이다. 알고리즘 합리주의의 성곽 안에서 진지전陣地戰이 아니라 자연이라는 것, "敵"움직임 속에 상응하는 움직임, 즉 게릴라 전술이다. 그리고 합리주의를 바탕에서부터 다시 검토할 필요가 있다.

진보의 방향, 속도를 다시 생각하라

이와 비슷하게 진보라는 개념에 관해서도 우리들은 다시 한번 생각을 고쳐야 할 것이다.

진보라는 것은 목적론적인 방향성을 가진 것의 변화일 것이다. 인간이 진보라는 어휘를 쓰는 경우를 몇 가지 검토해 보도록 하자. 한자의 읽기와 쓰기, 능력의 진보, 요리 솜씨의 진보, 보다 견고한 시계를 만드는 기술의 진보…… 이러한 목적이 명확히 설정된 진보는 좋다. 그러나 이러한 일상적인 미세한 진보의 벡터 총화가 어느 방향으로 향하고 있는가는 이의 도달 지점인 거시적인 목적에 관해 구상이 돼있는지 누구도 이를 생각하고 있지 않는 것 같다.

이제야 사람들은 이 점에 관해서 예정과 조화調和라는 환상에 빠져있는 것 같으나 현실로는 문명의 벡터(Vector)는 파국으로 향하고 있는 느낌을 금할 수가 없다. 그리고 더욱 우려되는 것은 이 벡터의 길이, 즉 속도가 자꾸만 빠르게 나타나는 것이다.

생태학에서 관찰되는 자연계의 변화속도는 정상적인 변화에 한 한다면 완만한 것이다. 생물은 지나친 스피드 이상의 변화에서는 형이상학적形而上學的 기능의 한계에 의해 따라 갈 수가 없기 때문이다. 진보라는 개념을 고쳐 생각 해본다면 생태학의 천이遷移라는 개념이 참고가 될 것이라고 본다. 한편 천이의 벡터를 생각해본다. 이들 방향은 계系가 보다 안정된 방향으로, 그리고 에너지수지收支와 물질 수지의 균형 성립방향으로 향하고 있다. 이들 속도는 눈에 띄지 않을 정도로 느린 것이다. 왜냐하면 계系의 변화에 있어서 이를 구성하는 하나하나 서브시스템은 항상성(Homeostasis)를 유지하면서 변화돼 가기 때문이다. 자연계에는 생물 개체나, 군집이나, 그리고 생태계 전체에도 눈에 보이지 않은 호메오스타

시스恒常性 유지 기구가 작용하고 있다는 것을 알아야 한다.

문명에서 가장 부족한 것이 바로 이것이라고 본다. 이는 진보라는 개념을 맹목적으로 신앙처럼 생각해 왔기에 나타난 결함인 것이다. 진보進步는 맹목적인 선善은 아니다. 이는 어디까지나 벡터이며 방향과 속도가 옳을 경우에만 선善이 될 수가 있다.

지금 우리가 만사를 제쳐놓고 해야할 일은 이들 벡터의 올바른 방향과 속도를 구상해 이에 알맞은 문명을 재 구축해야 할 것이다.

찾아보기

가

나

다

마

바

사

아

자

차

카

타

하

A ~ Z